高等职业教育"十二五"电类专业系列教材

继电保护与测控技术

马　玲　主编
王永康　主审

中国铁道出版社有限公司

2022年·北京

内 容 简 介

本书为电类相关专业用书,全书共分三篇,十一章。第一篇叙述继电保护的基本知识,内容包括:继电保护技术的基本知识、继电保护与测控装置常用元件、微机保护基础;第二篇是输电线路的保护,内容包括:相间短路电流保护、相间短路的距离保护、电网的接地保护、自动重合闸与备用电源自投;第三篇是牵引变电所微机保护装置的应用,内容包括:变压器保护、牵引变压器微机保护、馈线微机保护测控装置、并联电容补偿装置微机保护。

本书可作为高等职业教育电气自动化技术相关专业的教学用书,也可供中等职业教育相关专业教学使用,还可作为现场工程技术人员的参考用书。

图书在版编目(CIP)数据

继电保护与测控技术/马玲主编 . —北京:中国
铁道出版社,2011.8(2022.7 重印)
高等职业教育"十二五"电类专业系列教材
ISBN 978-7-113-12719-0

Ⅰ.①继… Ⅱ.①马… Ⅲ.①继电保护—高等职业教
育—教材②测量系统:控制系统—高等职业教育—教材
Ⅳ.①TM77②TM93

中国版本图书馆 CIP 数据核字(2011)第 145267 号

书　　名:**继电保护与测控技术**
作　　者:马　玲

责任编辑:阚济存　　　电话:(010) 51873133　　电子邮箱:td51873133@163.com
封面设计:郑春鹏
责任校对:王　杰
责任印制:高春晓

出版发行:中国铁道出版社有限公司 (100054,北京市西城右安门西街 8 号)
网　　址:http://www.tdpress.com
印　　刷:三河市宏盛印务有限公司
版　　次:2011 年 8 月第 1 版　2022 年 7 月第 6 次印刷
开　　本:787 mm×1 092 mm 1/16　印张:9.5　字数:229 千
书　　号:ISBN 978-7-113-12719-0
定　　价:26.00 元

前　言

本教材是根据铁路职业院校《电气化铁道供电专业指导性教学大纲》，配合供电专业的"继电保护及自动装置"课程的需要而编写的。

教材结合我国铁路电力与交流电气化铁道的具体现状和实践经验，根据教学大纲的要求，全面介绍了电力系统继电保护的理论基础知识，如电力线路相间短路的电流保护、电压保护、零序电流保护，距离保护等，包括各种保护的原理分析、典型接线和整定计算。同时针对电气化牵引供电系统，重点介绍了牵引变压器保护、交流牵引网保护、电容补偿装置保护原理及其整定计算原则等。

随着科学技术的飞速发展，电气化铁道供电系统采用技术先进的微机保护技术，教材重点介绍了微型计算机继电保护的基本原理，微机保护装置在实际中的应用技术。教材中电气图形及文字符号均采用了现行国标，对新旧文字符号作了对照说明。

本教材针对高职学院注重培养应用型技术人才的教学需要，紧密结合牵引供电系统现场实际工作，注重实践技能的培养，侧重继电保护装置和自动装置内部结构、外部接线、调试、整定操作等实践知识的介绍。在文字叙述上，也力求适应高职学生的文化程度，由浅入深、通俗易懂，便于自学。教材既可作为高职院校铁道电气化专业教学之用，也可供牵引供电和铁路电力工程技术人员参考学习或作为职工培训教材。

本书由西安铁路职业技术学院马玲主编，王永康主审。全书分为三篇，十一章。第一篇叙述继电保护的基本知识；第二篇叙述输电线路的保护；第三篇叙述牵引变电所微机保护装置的应用。鉴于各电气化铁路区段的电气设备差异很大，故各校在教学过程中可根据各自学校教学大纲要求适当取舍。本书编写过程中，得到了西安中铁勘察设计院符得川高级工程师，西安供电段技术科技术人员的指导和大力支持，在此表示诚挚的感谢！

由于编者水平有限，教材中的缺点和谬误在所难免，欢迎读者批评指正。

编　者
2011 年 2 月

目　　录

第一篇　继电保护基础知识

第二篇　输电线路的保护

第三篇　牵引变电所微机保护装置的应用

第一篇　继电保护基础知识

本篇主要论述继电保护的基本概念及构成原理,重点介绍构成保护及测控装置的主要元器件的应用知识,包括各类继电器,电流、电压互感器及变换器,特别是针对目前广泛应用的微型计算机保护的相关基础知识作较详细的介绍。

第一章　继电保护技术的基本知识

第一节　概　　述

一、继电保护的概念

电力网络交织密布,运行情况相当复杂,既输送电能造福人类,但也能在瞬间造成重大的电力事故。为保证电力系统安全、稳定地运行,必须配置完善可靠的保护装置、自动测控装置及通信系统以保证电力系统运行的可观测性与可控性,保证电能生产、输送及消耗过程的正常进行以及事故状态下的紧急处理。

所谓继电保护装置,就是当电力系统中的电力元件如发电机、线路、变压器等发生故障,危及电力系统安全运行时,能够直接向断路器发出跳闸命令,同时向运行值班人员及时发出警报信号,以终止故障进一步扩展的自动化装置。

继电保护装置传统上采用的主要元件是继电器,继电器是一种当输入量(如电、磁、声、光、热)达到一定值时,输出量将发生跳跃式变化的自动控制器件,因其在动作过程中会延续传递某一动作信号,电路有自动更替、连续动作的特点,故称为继电器。利用继电器电路的这种相互更替与延续的特点而构成的保护装置也就称为继电保护装置。随着微机保护技术的迅速发展与应用,目前继电保护技术集电力系统的保护、测控、信息储存、传输为一体,为继电保护技术赋予新的内涵。继电保护电路这种特点不再突显,但"继电保护"一词目前仍在继续沿用。

二、继电保护的发展史

19世纪90年代出现了安装于断路器上,并直接作用于断路器的一次式电磁型过电流继电器。20世纪初,随着电力系统的发展,继电器才开始广泛应用于电力系统的保护,这个时期可认为是继电保护技术发展的开端。1901年出现了感应型过电流继电器,1910年方向性电流保护开始得到应用,同时将电流与电压比较的保护原理提了出来,并在19世纪20年代初出现了距离保护。

随着电力系统载波通信的发展,在1927年前后,出现了利用高压输电线上高频载波电流传送和比较输电线两端功率或相位的高频保护装置。20世纪50年代,微波中继通信开始应用于电力系统中,从而出现了利用微波传送和比较输电线路两端故障电气量的微波保护。此时也有了利用故障点产生的行波实现快速继电保护的设想,经过 20 余年的研究,终于诞生了行波保护装置。显然,随着光纤通信在电力系统中的大量采用,利用光纤通道的继电保护必将得到广泛的应用。与此同时,构成继电保护装置的元件、材料、保护装置的结构形式和制造工艺也发生了巨大的变革。50 年代以前的继电保护装置都是由电磁型,感应型或电动型继电器组成的,这些继电器统称为机电式继电器。

20 世纪 50 年代初由于半导体晶体管的发展,开始出现了晶体管式继电保护装置,称之为电子式静态保护装置。70 年代是晶体管继电保护装置在我国大量应用的时期,满足了当时电力系统向超高压、大容量方向发展的需要。80 年代后期,静态继电保护开始从第一代晶体管式向第二代集成电路式过渡,目前后者已成为静态继电保护装置的主要形式。

在 60 年代末,提出用小型计算机实现继电保护的设想,由此开始了对继电保护计算机算法的大量研究,对后来微型计算机式继电保护(简称微机保护)的发展奠定了理论基础。70 年代后半期,比较完善的微机保护样机开始投入到电力系统中试运行。80 年代微机保护在硬件结构和软件技术方面已趋于成熟,并已在一些国家推广应用,这就是第三代的静态继电保护装置。

进入 90 年代以来,微机保护装置显示出巨大的优越性和发展潜力,并在电力系统得到了广泛应用,可以说微机保护代表着电力系统继电保护技术的未来,并将成为电力系统保护、控制、运行调度及事故处理的综合自动化系统的重要组成部分。未来继电保护技术正朝着计算机化、网络化,集保护、控制、测量、数据通信一体化和人工智能化的方向发展。

表 1-1 列出各种类型继电保护装置的特点。图 1-1 所示为继电保护原理和及结构发展史的进程示意图。

表 1-1 不同类型继电保护装置的优缺点比较

保护装置类型	优 点	缺 点
机电型(1901 年)	简单、可靠、经济性好、技术成熟	动作速度慢、不易实现复杂的保护
晶体管型(1960 年)	动作速度快、可实现较为复杂的保护、比较经济、较易调试	抗干扰性差、元器件多、检修不便
集成电路(1970 年)	动作速度快、可实现较为复杂的保护、比较经济、有自检功能	接线复杂、抗干扰能力差、经济性差
微机型(1972 年)	动作速度快、可实现复杂的保护、自检功能完善、附加功能强、调试方便	受环境影响大,设备维修技术要求高

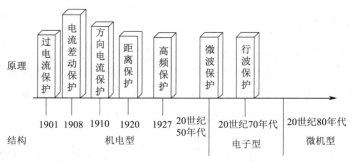

图 1-1 继电保护技术发展简图

　　总之,继电保护技术的发展推动和完善了电力系统的自动化控制技术,提高了电力系统运行的可靠性,为电力系统安全可靠运行提供了重要保障。

三、继电保护课程的任务

　　继电保护技术是电力系统自动化的核心技术,其涉及内容十分广泛,包括电工、电子、机械及微型计算机等多门技术,因此它区别于一般的自动化技术而独立发展为一门综合性学科。

　　本课程通过对电力系统的各类电气设备如:变压器、电容器以及输电线路故障运行的特点和故障时运行参数变化的分析,介绍针对不同保护对象的保护原理、保护方式、原理接线、整定计算、调试及运行操作等内容,使相关技术人员能熟练掌握继电保护技术的基本原理、工作特点、应用方法、运行管理及维护检修等专业技能。

第二节　电力系统的短路故障及继电保护的作用

　　电力系统是由发电机、输电线路、变压器等电气组成的结构复杂的网络系统,系统中的大量电气设备,尤其是输电线路,经常会受到自然条件的影响,如:冰雪、风雨、雷电、飞鸟等。另外,电气设备在制造、安装和检修过程中难免会留下某些事故隐患,设备在长期运行中也会出现绝缘老化、工作人员误操作等因素,因此电力系统会出现各种故障或不正常运行情况。

一、电力系统的运行状态

　　电力系统的运行状态分为:正常运行状态、不正常运行状态和故障。

　　(1)电力系统正常运行状态:是指电力系统中电气设备的工作电流在设定的路径中流动,电气参数、电能质量符合规定要求,电力系统结构有较高的可靠性和经济性的运行状态。

　　(2)电力系统中不正常运行状态:是指电力系统中电气元件的正常工作遭到破坏,但系统还能维持运行的工作状态,如过负荷、频率降低、过电压、电力系统振荡等。

　　(3)电力系统的故障状态:是指电力系统中设备的正常运行状态遭受破坏而无法正常运行的一种特殊状况,主要有短路和断相故障,其中最危险的故障就是各种形式的短路故障。

　　短路故障是指不同电位导电部分之间的不正常连接,通常分为三相短路故障、两相短路故障、单相接地故障、单相接中性点短路、两相接地短路和两相短路接地故障6种形式,如图1-2所示。

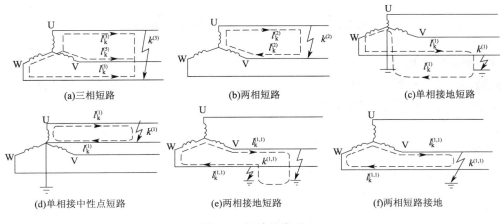

　　　　(a)三相短路　　　　　　　　(b)两相短路　　　　　　　　(c)单相接地短路

(d)单相接中性点短路　　　　(e)两相接地短路　　　　　　(f)两相短路接地

图1-2　短路的类型

二、短路原因及后果

造成短路的原因很多,主要有以下几种情况:

(1)电气设备载流部分绝缘损坏。

(2)误操作。

(3)飞禽跨接裸导体。

电力系统发生短路,短路电流数值可达数千安到数万安。其数值远远超过导线和设备所允许的电流限度,结果会造成电气设备过热或烧毁,甚至引起火灾。短路的严重后果主要有以下几个方面:

(1)通过故障点很大的短路电流及所燃起的电弧,使故障元件损坏。

(2)短路电流通过非故障元件,由于发热和电动力的作用,使元件损坏或缩短其使用寿命。

(3)电力系统中部分地区的电压大大降低,甚至造成停电事故。

(4)破坏电力系统并列运行的稳定性,引起系统振荡,甚至导致整个系统瓦解。

(5)单相短路时,对附近通信线路,电子设备产生电磁干扰。

当电力系统发生各种类型的短路故障时,就需要有相应的继电保护及测控装置及时将故障元件从系统中切除,并保护其他相关电气设备免受损害。

三、继电保护装置的作用

现代继电保护技术已将电力系统的保护、测控等多种功能集一体,但其核心功能体现为对电力系统的保护,系统运行过程中一旦发生故障,继电保护装置就会作出相应的处理,主要作用表现在以下两个方面:

(1)自动、迅速地监测到各类故障,有选择性地借助断路器将故障元件从电力系统中切除,使故障元件免于继续遭到破坏,其他非故障电气元件迅速恢复正常运行。

(2)反映电气元件的不正常运行状态,发出不同的报警信号,以便值班人员及时作出相应的处理。

总之,继电保护装置能够反映电力系统电气设备的故障和不正常运行状态,并迅速有选择性的作用于断路器将故障从系统中切除,使故障限制在最小范围,保障无故障设备的正常运行,从而提高电力系统运行的可靠性,最大限度向电力用户进行安全可靠地连续供电。

第三节　继电保护的基本原理

继电保护装置相当于一种在线开环的自动控制装置,根据控制过程信号性质的不同,可以分模拟型(分为机电型和静态型)和数字型两大类。对于常规的模拟继电保护装置,一般包括测量部分、逻辑部分和执行部分,原理如图 1-3 所示。

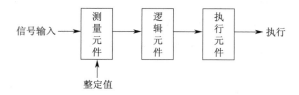

图 1-3　继电保护装置的原理方框图

1. 测量元件：测量被保护对象的有关物理量，并与已给定的整定值进行比较，以判断是否发生故障或不正常运行状态，并根据比较的结果输出逻辑信号，从而判断保护装置是否应该启动。

2. 逻辑元件：根据测量部分各输出量的大小、性质、逻辑关系，判断是否输出动作信号给执行元件。

3. 执行元件：执行部分依据前面环节判断得出的结果，作出相应的故障处理措施。

当电力系统发生故障或不正常运行状态时，系统的运行参数会发生显著的变化，继电保护装置就是实时检测电力系统各种运行的参数，一旦检测到参数的变化、确定电力系统出现故障，即刻发出相应动作命令或告警信号，以便采取各种相应的措施，从而起到对电力系统的保护作用。如反映电流增大而动作的电流保护，反映电压降低而动作的电压保护，反映阻抗下降而动作的阻抗保护，反映电压与电流相位变化而动作的方向电流保护等。

图 1-4 所示为电流保护装置的工作原理示意图。

图中输电线路上设置了电流保护装置，其中电流互感器 2 的作用是检测线路电流值，并将线路中的大电流转换为小电流输送给电流继电器 3。正常运行时，线路中通过负荷电流，电流较小，电流互感器二次侧电流也较小，保护装置保持不动作状态；一旦线路发生短路故障，线路中的短路电流迅速增加，此时通过电流互感器二次侧流入继电器的电流随之增大，即继电器线圈的电流增大，产生的电磁力也随之增大，较大的电磁力吸动继电器的衔铁动作并使继电器的常开接点

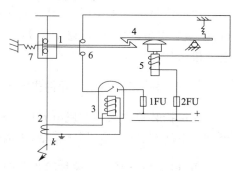

图 1-4　电流保护原理示意图
1—断路器；2—电流互感器；3—电流继电器；
4—锁扣机构；5—断路器的跳闸线圈；
6—断路器的辅助接点；7—跳闸弹簧

闭合，断路器的跳闸线圈 5 受电，跳闸线圈中的铁芯被吸入线圈并撞开锁扣机构 4，断路器 1 在跳闸弹簧 7 的弹力作用下迅速跳闸，从而将故障从电力系统中切除。断路器的辅助接点 6 与断路器的动作是同步的，当断路器跳闸后，辅助接点 6 同时断开，以避免断路器跳闸线圈长时间通电而烧损。

第四节　继电保护装置的类型

继电保护装置的内部结构、工作原理、保护对象等形式繁多，装置类型也就多样化，主要分类方法有以下几种。

一、按保护装置反映的物理量分类

保护装置检测电力系统的物理量各不相同，根据保护装置所反映的物理量可以分为：电流保护、电压保护、阻抗保护、零序保护、电流方向保护，差动保护、瓦斯保护等。

通过检测各种状态下被保护元件所反映的各种物理量的变化并予以鉴别，保护内部对不同的物理量有一个界定系统正常与否的的整定值，以便对测量量进行故障与否的判断。保护装置反映的物理量又分为两种。

1. 反映电气量

电力系统发生故障时，线路电流增大、电压降低、电流与电压的比值（阻抗）和它们之间的

相位角都会发生不同的变化等。因此,在被保护元件的首端装设各种变换器用作测量、比较并鉴别出故障时这些基本参数与正常运行时的差别,这样根据测量的电气参数不同来构成各种不同原理的继电保护装置,如:电流保护、电压保护、距离(阻抗)保护等;若反映电气量增大而动作称为过值保护,如:过电流保护、差动电流保护;反之,称为欠值保护,如:欠压保护、阻抗保护等。

2. 反映非电气量

对某些电气设备,例如变压器等,除了对其电气量进行测量之外,还需对其内部温度、压力、气流等非电气量进行检测。从而构成温度及反映气体的压力、流量等非电气量的保护,例如:电力变压器的温度保护、压力保护、瓦斯保护等。

二、按保护装置的保护对象分类

在继电保护技术应用中,往往对不同的被保护对象设计相应的成套保护装置,独立安装运行,以便于设备的操作,检修维护等,例如:发电机保护、输电线路保护、变压器保护、母线保护、电动机保护等。

三、按保护装置组成的元件类型分类

在保护装置中采用的机电元件各不相同,根据装置中元件的不同类型对保护装置进行分类,如:电磁型、感应型、晶体管型、集成电路型、微机型保护等。

四、按保护装置所反映故障类型分类

保护装置的针对性很强,可以反映不同的故障类型,因此又可分为:相间短路保护、接地故障保护、匝间短路保护、断线保护、失步保护、失磁保护及过励磁保护等。

五、按保护装置所起的作用分类

保护装置设置的作用各不相同,可分为:主保护、后备保护、辅助保护等。

1. 主保护,满足系统稳定和设备安全要求,能以最快速度有选择地切除被保护设备和线路故障的保护。

2. 后备保护,主保护或断路器拒动时用来切除故障的保护。后备保护又分为远后备保护和近后备保护两种。远后备保护是当主保护或断路器拒动时,由相邻电力设备或线路的保护来实现的后备保护;而近后备保护是当主保护拒动时,由本电力设备或线路的另一套保护来实现后备的保护;当断路器拒动时,由断路器失灵保护来实现后备保护。

3. 辅助保护,为补充主保护和后备保护的性能或当主保护和后备保护退出运行而增设的简单保护。

根据保护装置的分类不同,认知现场保护装置时应了解以下基本方面:

(1)继电保护的对象,如:变压器、线路、电容器等;

(2)保护方式的类型及接线方式,保护测量的电气量及非电气量;

(3)保护装置组成元件的类型,保护原理接线图等。

例如牵引变电所的继电保护装置中,根据被保护的对象主要有:牵引变压器保护、馈线保护、电容器保护;牵引变压器保护中采用的保护方式主要有:差动保护、瓦斯保护、过负荷保护、过电流保护等;馈线保护主要采用的保护有:阻抗保护(主保护)、电流保护(后备保护)等,并已广泛采用微机保护技术。

第五节　继电保护装置的基本要求

继电保护装置是电力系统重要的组成部分,性能良好的继电保护装置对电力系统的安全可靠运行起到非常重要的作用。国家制定相关的行业规程《继电保护和安全自动装置技术规程》对继电保护的技术要求有严格的规定,其中最基本的要求是:继电保护装置必须满足选择性、速动性、灵敏性和可靠性的四个基本要求,这四个基本要求之间紧密联系,既矛盾又统一。

一、选 择 性

选择性是指当电力系统发生故障时,保护装置动作仅将故障设备切除,当故障设备或线路本身的保护或断路器拒动时,才允许由相邻设备、线路的保护或断路器失灵保护切除故障。故选择性的目的是保证系统中无故障设备仍能继续运行、使停电范围尽量缩小。

当电力系统的某元件发生故障时,在很大范围内的电气量都会随之发生变化,因而该范围相应的保护装置都会检测到故障的存在,同时也有可能动作,如果这样将会引起电力系统大范围停电。为了使故障影响的范围尽可能小,则要求距离故障元件最近的保护装置动作将故障切除,保护装置这种有选择性的动作就称为保护的选择性。为保证选择性,相邻设备和线路保护装置的动作值及动作时间应相互配合。现以图 1-5 为例进行说明。

图 1-5　线路保护示意图

当 k_1 点短路时,保护 1、2 动作→断路器 QF1、QF2 跳闸,保护有选择性;当 k_2 点短路时,保护 5、6 动作→断路器 QF5、QF6 跳闸,保护有选择性;而当 k_3 点短路时,若保护 7 拒动或断路器 QF7 拒动,保护 5 动作→跳闸 QF5(有选择性);若保护 7 和断路器 QF7 正确动作于跳闸,而保护 5 也动作→断路器 QF5 跳闸,则保护 5 为误动,或称保护误动作。

总之,选择性就是故障点在动作区内动作,在动作区外不动作。当主保护未动作时,由近后备或远后备切除故障,远后备保护比较完善且实现简单、经济,但远后备保护切除故障的时间较长,在高压电网中,应特别注重提高主保护动作的可靠性。

二、速 动 性

速动性是指保护装置应以最短的时间切除短路故障。提高速动性主要有以下优点:

1. 能够提高电力系统中发电机并联运行的稳定性。

2. 可以降低短路电流对电气设备损害的程度。

3. 可以防止故障扩大,提高自动重合闸动作的成功率。

继电保护装置切除故障的时间为:

$$t = t_{op} + t_{QF} \tag{1-1}$$

式中　t_{op}——保护动作时间;

t_{QF}——断路器动作时间。

一般的快速保护动作时间为 0.04～0.08 s,最快的可达 0.01～0.02 s。而一般断路器的动作时间为 0.06～0.15 s,最快的可达 0.02～0.06 s。因此保护装置与断路器配合切除故障的最快时间为:0.03～0.08 s。

在实际应用中,保护装置速动性的提高往往受到各种限制,因此对不同情况的保护装置,其速动性的要求不尽相同,例如:对 400～500 kV 的电力网路,要求切除时间为 0.1～0.2 s,对 110～330 kV 的网络要求为 0.15～0.3 s,对 35 kV 及以下的网络一般要求为 0.5～0.7 s,对于只发出预警信号的保护装置不要求速动性,只要求它按照选择性给出信号即可。

三、灵 敏 性

继电保护的灵敏性是指继电保护装置对设计要求动作的故障和异常状态能够可靠动作的能力。即在保护范围内发生故障或不正常运行状态时,保护装置的反映灵敏度。

保护装置的灵敏性受电力系统运行方式影响很大,这是因为系统在最大运行方式情况下,并联发电机组和并联线路最多,系统阻抗最小,短路电流大,电压降幅较小;反之,在最小运行方式下,系统阻抗大,短路电流小,电压降幅较大。

灵敏性是用灵敏系数来表示,所谓灵敏系数是指故障时保护装置测量的故障量与给定的装置启动值之比,它是校验继电保护灵敏性的具体指标。在保护装置中,灵敏系数应根据实际最不利的运行方式、故障类型及短路点位置进行校验计算。对于过值保护和欠值保护,其灵敏系数的计算方法不相同。

对于反映故障时参数增加的过值保护装置,在最小运行方式下,短路故障时,短路电流最小,灵敏系数最低,故需检验此时的灵敏度,灵敏系数用 K_s 来表示,计算公式为:

$$K_s = \frac{保护范围末端金属性短路时故障参数的最小计算值}{保护的动作参数} \tag{1-2}$$

例如,过电流保护装置的灵敏系数为:

$$K_s = \frac{I_{k \cdot min}}{I_{op}} \tag{1-3}$$

式中　$I_{k \cdot min}$——最小运行方式下保护区末端的最小短路电流;
　　　I_{op}——保护装置的动作电流。

对于反映故障时参数降低的欠值保护装置,在最大运行方式下,短路后电压降低程度较小,故需检验此时的灵敏系数是否满足要求,灵敏系数的计算公式为:

$$K_s = \frac{保护的动作参数}{保护范围末端金属性短路时故障参数的最大计算值} \tag{1-4}$$

例如:低电压保护装置的灵敏系数为:

$$K_s = \frac{U_{op}}{U_{k \cdot max}} \tag{1-5}$$

式中　U_{op}——保护装置的动作电压;
　　　$U_{k \cdot max}$——保护区末端短路时,保护装置安装处的最大残压。

以上灵敏系数均大于 1,一般要求在 1.2～2 之间,在《继电保护和安全自动装置技术规程》中,对各类保护的灵敏系数都作了具体规定。

四、可 靠 性

继电保护装置的可靠性是指被保护范围发生故障时,保护装置动作的可靠程度,可靠性是对继电保护装置性能的最根本的要求。它的含义包括可信赖性和安全性两个方面,可信赖性要求继电保护在异常或故障情况下,能准确地按照设计要求动作,即在保护装置应该动作的情况下,不因保护装置本身的某种原因而拒绝动作;安全性要求继电保护在非设计所要求动作的所有情况下,能够可靠地不动作,即在保护装置不应该动作的情况下,不因保护装置本身的原因而动作。

总之,可靠性要求保护装置不拒动,也不误动,拒动会使事故范围扩大,误动会造成无事故停电,其结果都会给电力系统和用户造成严重的损失。

影响保护装置不可靠的因素有:继电器或元件可靠性不高、结构设计的不合理、安装和调试运行维护不当、设计整定计算不准等。

提高保护装置可靠性的措施主要有如下几点:

1. 选用适当的保护原理,在可能条件下尽量简化接线,减少元器件和接点的数量;
2. 提高保护装置元器件质量和工艺水平,并有必要的抗干扰措施;
3. 提高保护装置安装和调试的质量,并加强维护和管理;
4. 采取保护装置多重化。

以上4个基本要求是继电保护装置性能设计要解决的基本问题,也是贯穿继电保护技术的一个基本线索。继电保护装置的科研开发、设计、制造和运行过程都是紧紧围绕着如何更好地满足这4个基本要求、并为解决好它们之间的矛盾而展开的,因此在本课程的学习中应注意着重从这一角度分析和思考。

习题与思考题

1. 继电保护技术的发展经历了哪些阶段？各有什么特点？
2. 短路故障形式有哪些？短路故障的原因是什么？
3. 继电保护装置的作用是什么？
4. 继电保护装置由哪几部分构成？各有什么作用？
5. 继电保护装置是如何分类的？
6. 电力系统对继电保护的基本要求是什么？
7. 什么是继电保护的选择性和灵敏性？
8. 在最大运行方式下,过电流保护和欠压保护的灵敏性有何不同,为什么？
9. 提高保护装置可靠性的措施主要有哪些？

第二章　继电保护与测控装置常用元件

第一节　电磁型继电器

继电保护与测控装置内部元件结构、保护测控功能实现的技术方法有很多种,传统分立元件式的继电保护装置是以继电器为主要元件来完成各种保护功能,本节主要介绍各种电磁型继电器的结构原理和作用。

电磁型继电器是继电保护装置较为早期的应用形式,它是利用电磁原理构成的,由于其原理结构简单、工作可靠等优点,至今仍广泛地应用于保护装置中。按结构不同通常可分为螺管线圈式、拍合式和转动舌片式 3 种类型。

现以图 2-1 所示螺管线圈式为例,说明电磁型继电器的基本结构及工作原理。继电器内部主要有反作用力弹簧 1、铁芯 2、线圈 3、接点 4 及可动衔铁 5 等部分组成。

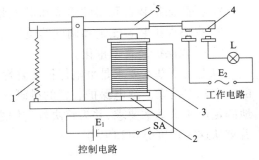

图 2-1　电磁型继电器的工作原理示意图
1—反作用力弹簧;2—铁芯;3—线圈;4—接点;5—衔铁

当线圈通过一定电流时,电磁铁芯就会产生磁通和电磁力,当电磁力大于弹簧的反作用力时,则可吸动衔铁动作,并通过接点闭合,进行电路的切换;而当线圈电流减小时,产生的电磁力减小,衔铁返回,接点断开,这样就完成了电路的转换、控制功能。

由此可见电磁型继电器是通过电磁力使可动机械部分动作,并带动继电器的接点转换,从而实现输出信号的改变。这种有机械触点的继电器元件又称为有触点元件,由于通过继电器接点的电流一般比较小,故不需要灭弧装置。

一、电磁型电流、电压继电器

电流、电压继电器是应用最广泛的继电器,通常作为继电保护和测控装置中的测量和判断元件,在保护中起着十分重要的作用。

1. 电磁型电流继电器

电流继电器的文字符号通常表示为 KA,继电器机芯部分如图 2-2 所示,机芯采用插拔式固定在底座盘上。图 2-3(a)为电流继电器外观及内部结构图,继电器的外壳采用带有透明塑料盖的胶木或塑料,透过塑料盖直接观察到继电器的整定范围,继电器检查时可卸下外壳,拔出机芯。

图 2-3(b)中继电器的结构采用转动舌片式,即衔铁采用转动灵活的 Z 形舌片 3。电流继电器的线圈粗而少,阻抗很小,串联于电路中。

继电器的接点有常开接点、常闭接点两种类型。当继电器的衔铁未被吸合时,处于断开的接点称为常开接点,反之此时处于闭合的接点称为常闭接点;当继电器动作衔铁吸合时,常开接点闭合,故常开接点又称为动合接点,而此时常闭接点断开,故常闭接点又称为动断接点。

图 2-2　电磁型电流继电器机芯示意图

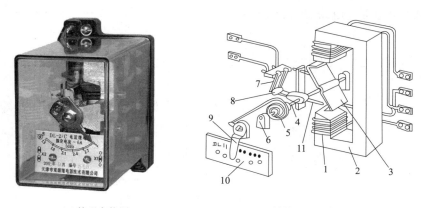

(a)外观实物图　　　　　　(b)结构原理示意图

图 2-3　电磁型电流继电器

1—线圈;2—铁芯;3—衔铁;4—轴;5—反作用力弹簧;6—轴承;

7—静接点;8—动接点;9—动作电流整定把手;10—标度盘;11—限制螺杆

当流过继电器线圈的测量电流足够大时,会产生较大的电磁力,吸引 Z 形舌片衔铁转动,并带动转轴,使继电器接点状态切换,常开接点闭合、常闭接点断开;若当电流减小时,电磁力也减小,此时由于反作用力弹簧的作用,使衔铁返回,从而带动接点返回,即常开接点断开、常闭接点闭合。

能够使继电器动作的最小电流值称为动作电流,用 $I_{op.k}$ 来表示。动作电流是电流继电器的主要参数,它的大小可以通过调整动作电流整定把手 9 来调节,即改变反作用力弹簧的反力,实现改变动作电流的大小,使动作电流调整为保护装置所要求的整定值。但按照标度盘调整不精确,只是粗调,使用时必须进行实际的电流测量来调整动作值。

电流继电器的线圈有两组,可以串联或并联接线,线圈并联时通过的电流比串联时增加一倍。

使电流继电器返回的最大电流值称为返回电流,用 $I_{re.k}$ 表示,当电流继电器动作后,铁芯与衔铁的气隙减小,磁通和电磁力增大,只有当线圈电流比动作电流更小时,弹簧才能克服电磁力而使衔铁返回,所以返回电流比动作电流小。

返回电流与动作电流之比称为返回系数,用 K_{re} 来表示:

$$K_{re} = \frac{I_{re \cdot k}}{I_{op \cdot k}} < 1 \qquad\qquad (2\text{-}1)$$

返回系数 K_{re} 不能过大,也不能过小,技术规范要求其数值范围在 $0.85 \sim 0.90$ 之间。返回系数过大,继电器动作灵敏但不可靠;反之过小,继电器动作可靠但不灵敏。返回系数可以通过调整限制螺杆 11 的长度来调整,即改变衔铁动作前后的气隙进行校正。电流电压继电器常用作保护的测量元件,要求动作灵敏度高,即返回系数接近于 1,故继电器多采用动作阻力小,转动灵活的转动舌片式结构。

根据需要不同型号的继电器的接点形式和数目均不相同,表 2-1 列出了 DL 型电流型继电器的接点形式及接点数目,图 2-4 绘出了电流继电器内部线圈和接点的图形符号,图 2-5 绘出了继电器在电路中的表示方法。

表 2-1　DL 型继电器的接点形式

继电器型号	接点数目	
	常开接点	常闭接点
DL- 24 / 33	2	1
DL- 12 / 22		1
DL- 11 / 21 / 31	1	
DL- 25 / 34	1	2
DL- 13 / 23 / 32	1	1

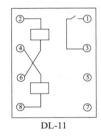 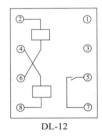 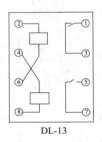

DL-11　　　　　　DL-12　　　　　　DL-13

图 2-4　DL 型电流继电器的接线图

2. 电磁型电压继电器

电压继电器的主要作用是判断供电系统的电压是否正常,若出现过高或过低现象,则继电器及时地动作并通过相关元件发出动作信号。

电压继电器的文字符号表示为 KV,其内部结构原理

线圈　　　常开接点　　　常闭接点

图 2-5　电流继电器线圈及接点的表示

与电流继电器相似,主要区别在于电压继电器的线圈匝数比较多而导线细,故线圈阻抗较大,继电器线圈并联于测量电路中,内部两组线圈可以并联,也可以串联,线圈串联时测量的电压比并联时的电压增加 1 倍。

电压继电器分为过电压继电器和低电压继电器两类,前者用于过电压保护,后者用于欠压保护。过电压继电器的动作电压 $U_{op \cdot k}$ 和返回电压 $U_{re \cdot k}$ 的概念与电流继电器类似,其返回系数 K_{re} 等于返回电压 $U_{re \cdot k}$ 与动作电压 $U_{op \cdot k}$ 之比,即

$$K_{re} = \frac{U_{re \cdot k}}{U_{op \cdot k}} < 1 \qquad\qquad (2\text{-}2)$$

而低电压继电器与过电压继电器动作过程正好相反,当电压继电器测量电压降低,电磁力减小使得衔铁返回,常闭接点处于闭合状态,称为继电器动作;当电压升高,衔铁被吸动时,常闭接点处于断开状态,称为继电器返回。有关参数定义如下:

①动作电压:能使继电器动作的最大电压值,用 $U_{op \cdot k}$ 表示;

②返回电压:能使继电器返回的最小电压值,用 $U_{re \cdot k}$ 表示;

③返回系数：返回电压与动作电压之比。

$$K_{re} = \frac{U_{re \cdot k}}{U_{op \cdot k}} > 1 \qquad\qquad (2\text{-}3)$$

返回系数一般不大于 1.2,返回系数越小,继电器越灵敏,但可靠性降低。

3. 电流、电压继电器应用时应注意的问题

①电流、电压继电器一般有两组线圈,可以采用串联、也可以并联。技术参数标出的是单组线圈的额定电流、额定电压,使用时工作电流、电压不能超过继电器的额定电流或额定电压,否则会烧毁线圈。

②电流继电器的线圈在测量电路中串联,而电压继电器线圈并联于电路中。

③使用前对继电器应进行整定调试,根据整定计算的结果来整定继电器的动作值,并对其返回系数进行测试,验证其是否满足技术要求。

④要根据电路的控制要求正确选用继电器的常开或常闭接点。

⑤长期使用电流、电压继电器,转动舌片的转动轴承摩擦力矩会增大,继电器的动作值相应增大,返回系数降低,因此应定期对继电器进行测试调整。

⑥继电器在配电盘上的固定方式有:嵌入式、拼块嵌入式、突出式盘后接线和盘前接线,采用嵌入式的盘面整洁美观,便于维护,但盘后走线不如突出式方便平整。

二、时间继电器

在继电保护装置中往往为了保护选择性的需要,保护动作及信号的发出需要一定的延时,时间继电器就是用于建立保护装置动作所需的时间,实现延时功能。时间继电器又称为时限元件,文字符号表示为 KT。

使用时应先计算保护及测控装置中整定时间的大小,然后进行时间继电器的延时调整。根据继电器延时接点的动作过程不同,又分为缓吸型和缓放型两种:若线圈得电后,延时切换的接点称为缓吸型;线圈失电后,延时切换的接点称为缓放型。

根据时间继电器结构原理的不同分为电磁式、空气阻尼式、电动式、电子式、数字式等。图 2-6 为电磁型时间继电器机芯示意图。图 2-7(a)为电磁型时间继电器的实物图,图 2-7(b)为 DS 系列电磁式时间继电器的结构示意图。

电磁式时间继电器采用了螺管线

图 2-6 电磁型时间继电器机芯示意图

圈式的电磁机构。主要由电磁机构和钟表机构两部分构成。继电器线圈接入直流电压,当线圈 1 接入启动电压后,衔铁 3 被吸入螺管线圈中,曲柄销 9 失去衔铁 3 的支撑,在主弹簧 17 的作用下,使得扇形齿轮 12 顺时针方向转动,并带动齿轮 13、可动接点 14 及摩擦离合器 19 开始逆时针转动。摩擦离合器转动后,主齿轮 20 随之转动,此时钟表机构的齿轮 21 经中间齿轮 23、24 而使摆轮 22 与摆卡 11 齿合,使之停止转动。但在摆卡 11 的压力下,摆卡 11 转动摆轮,所以摆轮就转过一个齿,如此往复进行,使得可动接点 14 恒速转动,直到与固定接点 15 接触为止,即延时的时间到,继电器动作,改变固定接点的位置即可改变继电器延时的时间。

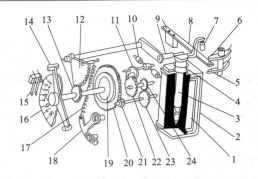

(a)外观实物图　　　　　　　　　　　　(b)结构原理示意图

图 2-7　电磁型时间继电器

1—线圈；2—磁路；3—衔铁；4—返回弹簧；5、6—固定瞬时切换接点；7—轧头；8—可动瞬时切换接点；
9—曲柄销；10—重锤；11—摆卡；12—扇形齿轮；13—齿轮；14—延时可动接点；
15—固定延时接点；16—标度盘；17—主弹簧；18—改变弹簧拉力的卡板；19—摩擦离合器；20—主齿轮；
21—钟表结构的齿轮；22—摆轮；23、24—钟表机构的中间齿轮

当接入继电器线圈的电压消失，在返回弹簧 4 的作用下，继电器的衔铁和杠杆又瞬时回到初始位置，此时钟表机构不起作用，保证继电器的返回是瞬时的。

如图 2-7(b)所示，时间继电器不仅有延时的接点，如图中的(14、15)接点，还有瞬动接点，图中的瞬动常开接点(5、8)、常闭接点(6、8)，其动作与衔铁的位置有关，与延时的时间无关，只要衔铁吸入动作，则常开接点闭合，常闭接点断开，当衔铁返回时，常开、常闭接点就随之返回到初始状态。由于时间继电器的返回是由线圈的电压撤除来完成的，所以时间继电器的返回系数要求不是很高，因而其电磁结构采用了动作可靠的螺管线圈式。

不同型号时间继电器的延时和瞬动接点数目、延时动作情况各不相同，时间继电器一般有一对延时主接点和多对瞬动接点，延时接点又可以分为延时常开接点和延时常闭接点，图 2-8(a)、(b)为缓吸型和缓放型时间继电器线圈及接点的图形，表 2-2 列出了 DS 系列电磁型时间继电器的技术参数。

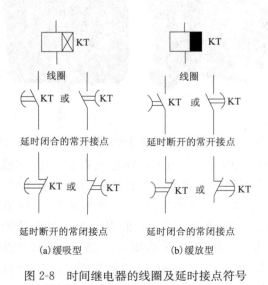

延时闭合的常开接点　　延时断开的常开接点

延时断开的常闭接点　　延时闭合的常闭接点

(a)缓吸型　　　　　　(b)缓放型

图 2-8　时间继电器的线圈及延时接点符号

表 2-2　DS 系列电磁型时间继电器的技术参数

型　　号	时间整定范围(s)	额定电压(V)
DS-21，DS-21/C	0.2～1.5	DC24、48、110、220
DS-22，DS-22/C	1.2～5	
DS-23，DS-23/C	2.5～10	
DS-24，DS-24/C	5～20	
DS-25	0.2～1.5	AC110、127、220、380
DS-26	1.2～5	
DS-27	2.5～10	
DS-28	5～20	

三、中间继电器

中间继电器常作为保护装置的出口执行元件,广泛用于各种保护和自动控制线路中,在继电保护装置中的作用主要表现在两个方面:①扩展控制回路的数目,增加控制功能;②扩展接点的容量,使较小容量的控制回路能启动较大容量的控制回路,特别是保护装置的执行回路。因此中间继电器的特点是接点数目多、接点容量比较大。中间继电器的内部电磁机构多采用拍合式的衔铁结构以适应上述特点的要求。中间继电器的文字符号通常表示为 KM。

图 2-9、图 2-10 所示为 DZ-10 系列中间继电器机芯示意图及外观图,继电器采用透明壳罩,可以观察到继电器动作情况。

图 2-9　电磁型时间继电器机芯示意图

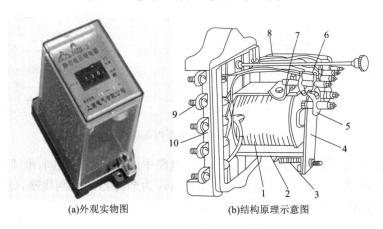

(a)外观实物图　　　　　(b)结构原理示意图

图 2-10　电磁型中间继电器

1—线圈;2—铁芯;3—弹簧;4—衔铁;5—动接点;
6、7—静接点;8—接线;9—接线端;10—底座

如图 2-10(b)所示,当线圈 1 接入直流电压时,衔铁 4 受电磁力作用与铁芯 2 拍合而动作,此时衔铁上的动接点 5 与静接点 6 接通;当线圈失电时,继电器的衔铁在弹簧 3 的作用下,返回到初始状态。中间继电器的类型主要有以下几种:

DZY——直流电压操作电磁式中间继电器;

DZL——直流电流操作电磁式中间继电器;

DZJ——交流操作电磁式中间继电器;

DZB——带保持线圈或带保持线圈并带延时的电磁式中间继电器;

DZS——带延时的电磁式中间继电器;

DZK——快速动作的电磁式中间继电器。

四、信号继电器

信号继电器主要用于指示保护或自动装置动作的继电器,继电器动作时,继电器有机械指示(掉牌)或灯光指示,同时其接点接通告警回路。信号继电器的文字符号表示为 KS。

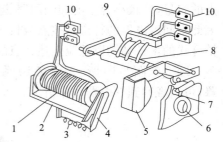

图 2-11 为 DX-31 型信号继电器,在保护和自动控制装置中,用于机械保持和手动复归的动作指示器。信号继电器的电磁结构也为拍合式。当继电器线圈未通电时,衔铁 4 受弹簧 3 的作用而离开铁芯 2,衔铁托住信号牌 5;当线圈受电,吸动衔铁动作时,信号牌失去支持而落下,发出掉牌信号,同时固定在转轴上的可动接点 8 与静接点 9 接通并保持,直到值班员复归掉牌时,继电器才返回。

图 2-11　电磁型信号继电器结构原理示意图
1—线圈;2—铁芯;3—弹簧;4—衔铁;
5—信号牌;6—观察窗;7—复位旋钮;
8—动接点;9—静接点;10—接线端子

三种不同型号信号继电器的内部接线图如图 2-12 所示。

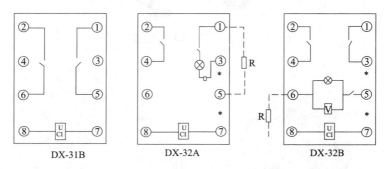

图 2-12　信号继电器内部接线图

信号继电器有电流型和电压型两种形式,在电路中的接线各不相同,电流型的线圈在电路中与其他元件串联使用,如图 2-13(a)所示,图中 YR 为断路器的跳闸线圈,QF 为断路器的辅助接点。电压型的线圈则直接并接于电源,如图 2-13(b)所示。

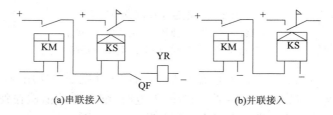

图 2-13　信号继电器的接线方式

五、电磁型继电器的安装、使用及维护

1.继电器应安装在室内垂直的平板上,室内没有尘埃、酸性的和其他能引起腐蚀的蒸汽,并且有充足的光线,以便进行必要的检查。

2.在继电器使用前,先取掉外壳,检查有无损坏,如可动部分是否动作灵活、线圈是否完好等。然后进行动作值的整定,盖上外壳用螺母固紧,使能良好地密封。

3.在调整继电器的动作值时,主要是改变游丝反作用力的大小。最大整定值的调整,主要是改变动片和磁极间的气隙。

4.不能直接润滑继电器的轴和轴承。

5.不允许用砂纸或其他摩擦材料清洁接点,宜用锋利的刀刃或清洁的细锉清洁接点,然后用清洁柔软的布片擦干净,避免用手指触碰接点。

电磁型继电器的主要优点是原理、结构简单,热稳定性比较好,开关特性好,维修方便、直观,技术要求不高;缺点是灰尘易沉积在接点上,造成接触不良,断开感性负载时,接点间会产生火花,引起接点烧伤或粘连,而且体积大,消耗功率较大。

第二节　继电保护与测控装置常用的测量元件

在继电保护与测控装置中,首要任务是要完成对供电系统的各类物理量的监测,其中主要监测的是电气量,如电流、电压值,保护装置通过对其数值大小、相位变化的分析,运算、比较等各种方法,从而判断电力系统是正常还是故障。因此需要对系统运行的各种参数进行测量或变换,常用的测量元件有互感器、变换器等。互感器的作用如下:

1.电流、电压互感器承担着测量转换的作用,即将一次设备的高电压、大电流转换为继电保护及测控装置所需数值的电气量。同时也为其他测量仪表如电压表、电流表、功率表等提供测量数据。互感器的性能好坏与安全运行对保护测控装置的工作起着十分重要的作用。

2.互感器是一个特殊的变压器,其作用还在于将一次高压系统与二次低压系统隔离,互感器一、二侧绕组之间高强度的绝缘保证了低压电气设备免受高压的危害,也保证了操作人员的人身安全。

一、电流互感器

电流互感器的作用就是把大电流按比例降到可以用仪表直接测量的较小数值,通常额定电流为5 A,以便用仪表直接测量,并作为各种继电保护的信号源。电流互感器的文字符号表示为TA,其外观如图2-14所示。

(a)110 kV电流互感器　　　　　　　　　　(b)10 kV电流互感器

图2-14　电流互感器外观图

1. 电流互感器的结构原理

如图 2-15 所示为电流互感器原理示意图,互感器是由相互绝缘的一次绕组 N_1、二次绕组 N_2、铁芯等部件组成。其工作原理与变压器基本相同,但一次绕组 N_1 的匝数较少,直接串联于电源线路中,一次负荷电流 I_1 通过一次绕组时,产生的交变磁通在二次绕组中感应产生二次电流 I_2;二次绕组 N_2 的匝数较多,与测量仪表、继电器、变送器等电流线圈的二次负荷串联形成闭合回路。由于二次绕组所接负荷阻抗很小,工作于短路状态,相当于一个短路运行的变压器。互感器所带负载应在额定负荷范围,否则会影响互感器的测量精度。

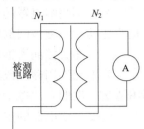

图 2-15　电流互感器
原理示意图

电流互感器的一次绕组与二次绕组有相等的安培匝数,即 $I_1 N_1 = I_2 N_2$,可得 $K_i = N_2/N_1 = I_1/I_2$,K_i 称为互感器的变比。通常电流互感器二次侧额定工作电流为 5 A,如互感器变比为 200/5、1 000/5 等,选用电流互感器时应根据一次侧电流的大小,例如变比为 1 200/5 互感器,可用于一次侧电流约为 1 200 A 的电路中。

2. 常用电流互感器的类型

(1)穿心式电流互感器,互感器本身结构不设一次绕组,导线穿过由硅钢片擀卷制成的圆形(或其他形状)铁芯起到一次绕组作用。二次绕组直接均匀地缠绕在圆形铁芯上,与仪表、继电器、变送器等电流线圈的二次负荷串联形成闭合回路,互感器变比根据一次绕组穿过互感器铁芯中的匝数确定,穿心匝数越多,变比越小;反之,穿心匝数越少,变比越大。

(2)多抽头电流互感器。互感器一次绕组不变,在绕制二次绕组时,增加几个抽头,将不同变比的二次绕组抽头引出,接在接线端子座上,每个抽头设置各自的接线端子,这样就形成了多个变比,此类电流互感器的优点是可以根据负荷电流变化,调换二次接线端子的接线来改变变比,而不需要更换电流互感器,使用方便。

(3)一次绕组可调,二次多绕组电流互感器。其特点是变比可变、量程选择多,使用灵活,用于高压电流互感器。互感器一次绕组分为两段,分别穿过互感器的铁芯,二次绕组分为两个带抽头的、不同准确度等级的独立绕组。一次绕组与装置在互感器外侧的连接片连接,通过变更连接片的位置,使一次绕组形成串联或并联接线,从而改变一次绕组的匝数,以获得不同的变比。带抽头的二次绕组自身分为两个不同变比和不同准确度等级的绕组,带抽头的二次独立绕组的不同变比和不同准确度等级,可以分别应用于电能计量、指示仪表、变送器、继电保护等,以满足不同的使用要求。

(4)钳形电流互感器是精密电流互感器(也称为直流传感器),是专门为电力现场测量计量使用特点设计的。互感器选用高导磁材料制成,精度高、线性优、抗干扰能力强。使用时可以直接夹住母线或母排上无需截线停电,使用方便。

二、电压互感器

电压互感器的作用就是把高电压按比例降到可以用仪表直接测量的数值,通常额定电压为 100 V,以便用仪表直接测量,同时作为各种继电保护的信号源。电压互感器文字符号表示为 TV,外观如图 2-16 所示。

电压互感器相当于降压变压器,其一次侧绕组匝数多,阻抗很大,并联接入电路中,二次绕组匝数较少,接入电压继电器或电压表等阻抗很大的负载。

电压互感器变比是指一次绕组的匝数与二次侧绕组的匝数之比,即 $K_u = N_1/N_2 = U_1/U_2$, K_u 称为电压互感器的变比,电压互感器的二次侧额定电压是 100 V,例如 10 000 V/100 V等。

电压互感器性能参数主要是一次侧额定电压,选择的依据主要是满足电网电压的要求,其绝缘水平能够承受电网电压长期运行,并能承受可能出现的雷电过电压、操作过电压等。

电压互感器有单相和三相之分,其绕组可以根据需要接成三角接、星接或开口三角接入,分别用于测量线电压、相电压和零序电压。

图 2-16　电压互感器外观图

电压互感器的类型按工作原理可以分为电磁式、电容式、光电式等,从绝缘介质上又可分为干式、油浸式及六氟化硫式等。

三、互感器使用注意事项

(1)电流、电压互感器在投入运行前要按照规程规定的项目进行试验检查。例如,测互感器极性、判别连接组别等。

(2)互感器的接线应保证其正确性,电流互感器一次绕组和被测电路串联,二次绕组应和所接的测量仪表、继电保护装置或自动装置的电流线圈串联。电压互感器的一次侧并联于电路中,二次侧与负载并联。

(3)接在互感器二次侧负荷容量不应超过其额定容量,否则会使互感器的误差增大,难以达到测量的精度。

(4)为了确保人员在接触测量仪表和继电器时的安全,电流互感器、电压互感器二次绕组必须有一端接地。避免一次和二次绕组间的绝缘损坏时,二次侧出现高电压危及人身安全。

(5)电流互感器二次侧不能开路运行,电流互感器如需检修,必须将二次绕组短接后方可进行;而电压互感器由于其内阻抗很小,若二次回路短路时,会出现很大的电流,将损坏二次设备甚至危及人身安全,所以电压互感器二次侧不允许短路,二次回路工作于开路状态,电压互感器应在二次侧装设熔断器以保护其自身不因二次侧短路而烧损。

(6)互感器接线时应注意端子的极性,避免其极性接反,接线时要找到互感器输入和输出的"同名端",具体的方法就是"点极性"。

以电流互感器为例,具体方法是将指针式万用表接在互感器二次输出绕组上,万用表打在直流电压挡;然后将一节干电池的负极固定在电流互感器的一次输出端子上;再用干电池的正极去接通电流互感器的一次输入端子,这样在互感器一次回路就会产生一个正脉冲电流。同时观察指针万用表的表针向哪个方向"偏移",若万用表的表针从 0 由左向右偏移,表针"正启",说明接入的"电流互感器一次输入端"与"指针式万用表正接线柱连接的电流互感器二次某输出端"是同名端,而这种接线就称为"正极性"或"加极性";若万用表的表针从 0 由右向左偏移,表针"反启",说明接入的"电流互感器一次输入端"与"指针式万用表正接线柱连接的电流互感器二次某输出端"不是同名端,而这种接线就称为"反极性"或"减极性"。

四、变 换 器

当继电保护装置采用整流型、晶体管型、微机等弱电型元件时,就需将电压互感器、电流互感器输出的二次侧电压、电流再经变换器进行线性变换后,然后送入继电保护装置的测量电路。

1. 变换器的主要作用

(1)电量变换:将电压互感器二次侧电压通过电压变换器转换成低电压,将电流互感器二次侧电流通过电流变换器或电抗变换器转换成低电压,以适应保护元件对电量的要求。

(2)电气隔离:电流、电压互感器二次侧的工作接地,是用于保证人身和设备安全,而弱电元件往往与直流电源连接,直流回路不允许直接接地,故需要经变换器实现电气隔离。

(3)调节定值:变换器一次或二次线圈抽头的改变可以调整测量继电器的动作值。例如阻抗继电器的动作值就是通过调节电压变换器的二次侧抽头来实现的。

2. 保护装置中常用变换器的类型

(1)电流变换器 UA:电流变换器是一种铁芯闭合无气隙的变压器。优点是当铁芯不饱和时,二次电流波形与一次侧相同。缺点是在电流非周期分量作用下容易饱和,线性度差。微机保护中一般采用电流变换器,以构成电压形成回路。

(2)电压变换器 UV:是将测量电压量进行变换,改变电压变换器的二次侧抽头,获取不同的低电压。

(3)电抗变换器 UX:是将测量的电流量进行变换为电压量。

五、传 感 器

在继电保护装置中通常需要对非电气量进行检测,例如变压器保护中检测温度、油箱内部压力、变压器油的位置等,此时采用温度、压力、位置传感器等,将非电气量转换为电气量后,再经变换器转换为保护装置所要求的电量。

第三节　电磁型继电器的应用举例

本节以过电流保护为例,说明各种电磁型继电器在保护装置中的应用。

图 2-17 所示为线路的过电流保护装置的原理接线图,保护装置采用了电流互感器、电流继电器、时间继电器、中间继电器、信号继电器等常用典型元件。

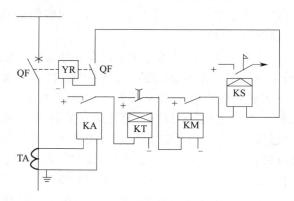

图 2-17　电流保护原理图

过电流保护装置通过电流互感器 TA 对输电线路中的电流值进行检测,一旦发生短路故障时,保护装置立即启动,延时一定的时间后,发跳闸命令给断路器 QF,断路器 QF 跳闸切断

故障,其工作过程如下:

(1)启动元件:电流继电器 KA,其作用是通过电流互感器 TA 测量保护线路的电流大小,当保护线路中的电流大于继电器的整定值时,其常开接点闭合,继电器动作。

(2)时限元件:时间继电器 KT,完成保护装置的延时功能,以实现保护的选择性。当电流继电器常开接点闭合接通 KT 的线圈时,时间继电器启动,经过一定的延时,延时常开接点闭合,启动中间继电器。

(3)中间继电器:中间继电器 KM 启动,其常开接点闭合,接通信号继电器 KS 的线圈和断路器的分闸线圈 YR 的受电回路。由于中间继电器的接点容量大,在此起到中间放大的作用。

(4)断路器跳闸:断路器分闸线圈 YR 受电后,断路器跳闸。

(5)信号继电器:信号继电器 KS 启动,信号继电器发出掉牌信号,并通过自保持接点接通其他信号回路,如警铃等。在设备运行现场,每个信号继电器下方贴有标签,如电流保护、瓦斯保护、差动保护等,以便告知值班员及时处理和分析事故,并复归电路。

第四节　晶体管型继电器

晶体管型继电器采用由晶体管电子器件构成的电路,因其无机械可动触点,故称为无触点继电器。晶体管型继电器主要由电压形成环节,比较环节和执行环节构成,其主要特点是体积小、能耗较小、调试方便、使用寿命长等。

现将常用的电流和时间继电器的工作原理进行说明。

一、电流继电器的工作原理

图 2-18 为反映平均值的电流继电器,电流 I_k 首先输入到电流变换器 UA,经过裂相、整流滤波后变换为直流电压,在电阻 R3 上进行分压得到 U_{R3}。当短路故障时,由于输入电流 I_k 增大,U_{R3} 相应增大,当此电压大于由稳压二极管 VS 形成的门槛电压 U_m 时,二极管 VD_7 左端的电压比较低而导通,三极管 VT1 截止,三极管 VT2 导通,输出电压 U_o 为低电平,继电器发出动作信号;反之,在正常情况下,输入电流较小,U_{R3} 电压较小,三极管 VT1 导通,三极管 VT2 截止,输出电压 U_o 为高电平,继电器不动作。

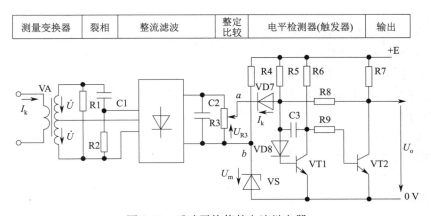

图 2-18　反映平均值的电流继电器

可调电阻 R3 通常为电位器,是用于电流继电器动作值的调整,相当于电磁型电流继电器整定把手的作用。

二、时间继电器的工作原理

图 2-19 为简单的 RC 晶体管时间继电器电路图,其中有 RC 电路作延时环节;稳压管 VS 与晶体三极管 VT 作比较放大环节;电磁继电器 KZ 为执行环节。

晶体管型时间继电器的基本工作原理是:利用电容电压不能突变而只能缓慢升高的特性来获得延时。时间继电器的工作过程如下:

当触发信号使开关 S 接通时,电源电压 E 通过电阻 R 开始向电容 C 充电,此时三极管 VT 不导通,执行元件 KZ 处于释放状态;当电容电压 U_c 逐渐增加大于稳压管 VS 的反向击穿电压 U_1,使得稳压二极管 VS 被击穿,三极管 VT 导通,电源经 R 与 VS 供给 VT 以基极电流,经过放大后使出口继电器 KZ 吸合,达到延时动作的目的。电容充电而使得 VS 击穿的时间就是延时时间。当断开 S 时,电容 C 就通过 VS 与 VT 很快放电(此时回路的电阻很小),电容电压 U_c 很快下降,当 U_c 稍许减小后 VS 就恢复阻断状态,三极管 VT 截止,KZ 释放,可见释放过程是瞬时完成的,延时很小,此类继电器为吸合延时。释放电容电能后,等待下一次动作。

当电源电压 E 和比较电压 U_1 一定时,继电器延时时间主要决定于充电过程的快慢,即决定于 R 和 C 的大小。若电阻 R 较大,充电电流就小;若电容 C 较大,电荷的容量就大;两者都将使 U_c 的增加变慢,延时时间加长。晶体管时间继电器的延时时间的长短与延时的精度是由电阻 R、电容 C、比较电压 U_1、电源电压 E 等多方面因素决定的,并通过可调电阻 R 的调节来整定继电器的动作时间。图中二极管 VD 起到保护的作用,当三极管 VT 关断瞬间,执行继电器 KZ 的线圈两端将产生很高的电动势,此电动势与电源电压叠加,将对三极管构成很大的威胁,乃至三极管击穿,二极管可将此反电动势短路,从而起到保护作用。

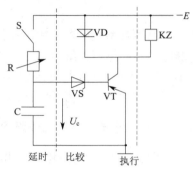

图 2-19　RC 晶体管时间继电器的构成

第五节　数字型时间继电器

电磁型继电器和晶体管型继电器都属于模拟型继电器,也称为机电型和静态型继电器,其内部电路都采用模拟信号,而数字式时间继电器是近年来的一种新型继电器,主要用于继电保护及测控装置的时限元件。继电器内部硬件采用 CMOS 集成数字电路进行计数分频,以实现保护装置所需要的延时,从而完成计时功能。数字式时间继电器的优点如下。

1. 采用集成数字电路,结构简单,体积小,延时范围广、误差小。

2. 继电器采用多位数字拨码开关操作,整定调试方便直观。

3. 继电器功耗小,触点输出容量大。

4. 抗干扰能力强,可靠性高,适于频繁动作。

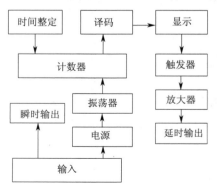

图 2-20　数字型时间继电器的工作原理框图

　　图 2-20 所示为数字式时间继电器的工作原理框图,当继电器输入直流信号时,瞬时接点动作,常开、常闭接点切换;启动振荡器输出脉冲信号,计数器根据给定的时间整定值开始计时,并通过译码显示时间状态,待延时时间到,启动触发器并将信号放大输出到执行部分,继电器延时接点动作,输出动作信号。

　　数字式时间继电器的工作电压有直流和交流两种,若采用交流电压时,继电器内部电源部分设置整流滤波、隔离降压功能,以提供继电器工作所需的直流电源。

习题与思考题

　　1. 说明电磁型继电器的工作原理。

　　2. 什么是电流继电器的动作值? 如何调节电磁型电流继电器的动作值?

　　3. 若电流继电器的最大整定范围是 6 A,试说明继电器线圈串联与并联时的最大整定值各是多少?

　　4. 电流继电器的返回系数过大或过小,各有什么利弊?

　　5. 什么是低电压继电器的动作值? 低电压继电器的最大整定电压为 200 V,试说明继电器并联与串联时的最大整定电压各是多少?

　　6. 中间继电器的特点是什么? 在保护装置中主要起什么作用?

　　7. 信号继电器的作用是什么? 有哪些类型? 在使用上有什么不同?

　　8. 电流互感器的作用是什么? 使用时应注意什么问题?

　　9. 电压互感器的作用是什么? 使用时应注意什么问题?

　　10. 变换器主要有哪些类型? 其作用是什么?

　　11. 晶体管型继电器与电磁型继电器在元件构成上有什么不同?

　　12. 数字式时间继电器与晶体管继电器的区别是什么?

第三章 微机保护基础

第一节 微机保护技术概述

随着科学技术的发展,牵引变电所的自动化控制监测技术日益完善。综合自动化技术集设备控制、运行状态监视,数据采集、继电保护等多种功能为一体,成为我国目前牵引变电所技术的主要发展方向。微机保护是综合自动化的一个重要组成部分,在电力系统的继电保护中,微机保护是近几十年来迅速发展的新兴技术,它以其完善、独特的性能成为传统保护装置的更新换代产品,在保护装置中采用单片机及其接口技术,利用不同的保护软件来实现保护的各种性能,从而极大地提高继电保护装置的可靠性、稳定性及灵敏性。

一、微机保护的基本原理

微机保护技术的综合性很强,它集成了计算机技术、数据采集与检测技术、通信技术等,通过数据采集系统对现场运行参数进行实时采集、变换等环节,利用应用软件程序对数据进行分析判断,并将判断结果送入出口执行电路。微机保护系统同时可以实现通信、打印等多种功能。图 3-1 所示为微机保护系统现场运行设备外观图。

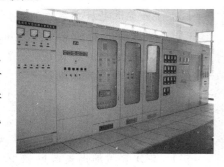

图 3-1 微机保护装置现场运行图

图 3-2 所示为微机保护装置的原理框图,图中电力系统运行的各种参数,如电气量:电压、电流、阻抗;非电气量:温度、气压、位置等模拟信号,经测量转换后再通过电压形成回路、低通滤波、采样保持、多路转换开关、A/D 转换电路输送给微机系统。

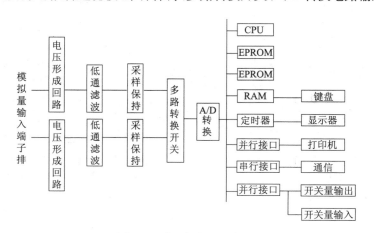

图 3-2 微机保护原理框图

现场开关设备的分、合闸状态等开关量,通过开关量接口电路输送到微机系统,微机系统根据采集的数据,微处理器 CPU 通过程序运行,一旦判断运行出现故障情况,就发出故障动作信号,借助断路器将故障从电网中切除,同时发出报警信号,以便值班人员及时进行故障处理。

二、微机保护装置的特点

1. 可以实现多种功能

传统继电保护装置的功能较单一,即检测电力系统的短路故障并发出相应信号,微机继电保护系统除实现保护功能外,还可实现诸如测量,监视及人机对话通信等功能。

微机保护采用面向不同保护对象进行设计,如:变压器保护、馈线保护、电容器保护等。每种功能单元包括了相应一次设备的测量保护、控制、信号、通信、防误动和远方监控功能,每个单元都设有故障滤波功能,能把故障点的故障数据完整及时的传送给通信管理单元,以便对故障进行调查和分析。

2. 可实现多种、完善、复杂的保护特性的要求

微机保护装置是在基本硬件配置的基础上,通过编写保护软件来实现多种保护特性,即通过编辑软件就可以实现不同的保护特性,保护特性的实现与传统保护实现的手段有本质的区别,因此微机保护可以实现更为完善、复杂的保护原理。如将自适应控制理论与继电保护结合而产生的自适应式微机保护,根据这种理论,微机保护系统中继电器的整定值能适应各种复杂的情况,即能自动地对各种保护功能进行调节或改变,使之更适合于电力系统变化的工作状况,从而保证保护动作的可靠性。

图 3-3 所示为微机保护系统中除了具有常规的保护功能外,还设计了自适应功能模块,所谓自适应模块就是根据电力系统所测量的相关参数,例如相位、谐波含量等因素,准确判断被保护设备的运行状态,自动、及时修正保护的整定值,以保证保护装置动作的可靠性,从而实现自适应式保护。

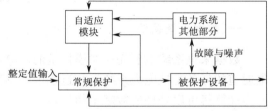

图 3-3　自适应保护原理示意图

3. 微机保护装置运行中的整定调试、维护工作量更少,使用灵活方便

传统继电保护装置由机械部件或电阻、电容、半导体元器件等构成,机械部件在运行过程中的磨耗,电子元件的老化等使参数发生变化,都会对保护装置的性能参数(如动作特性、整定值、返回系数等)产生影响,严重时可引起保护装置的误动或拒动。而微机保护装置的动作特性及整定值等是由编制的程序确定并保存的,只要确保程序和数据不丢失,保护装置的性能就稳定不变,因此测试和维护的工作量小,特别是微机保护装配置完善服务程序的支持,使装置的整定调试、更加灵活方便。

4. 微机保护装置的可靠性高

微机保护系统设置自检自纠功能,系统能自动检查内部硬件故障,若某一模块发生故障,能发出报警信号,以便有针对性的检修。运行现场往往设置整套备用保护装置,当保护装置发生故障时可以及时自动切换,提高了装置的可靠性。

5. 微机保护装置结构紧凑、接线简单

微机保护装置主要采用标准机箱、插拔式结构,此结构把整个硬件结构按照插件的功能和电路的特点分成各个部分,结构紧凑,装置电路整体化、接线简单,便于查找故障与维修。改变了传统装置的分立式排布,接线繁琐、检修不便的弊端。

第二节　微机保护装置硬件结构

微机保护系统的硬件结构主要包括：数据采集系统、微型机主系统、输入输出系统、人机对话系统、电源、出口及信号插件 6 个部分，如图 3-4 所示。

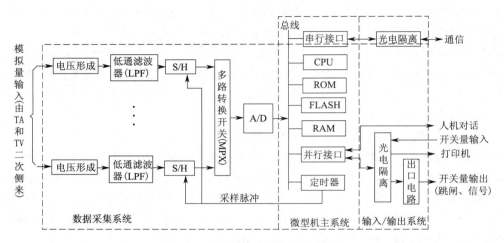

图 3-4　微机保护装置硬件结构图

一、数据采集系统

数据采集系统主要完成对模拟量的采集，将模拟输入量转换为数字量的功能。模拟量采集通道的任务是把电力系统运行过程中的参数如电压、电流、功率、温度、压力等模拟量信号转换为计算机可以处理的数字量信号。

图 3-5 所示，数据采集系统主要包括：电压形成回路、滤波器（LPF）、采样保持器（S/H）、多路转换开关（MPX）以及模数转换（A/D）功能块，每一路模拟量都设置一个采样保持器。

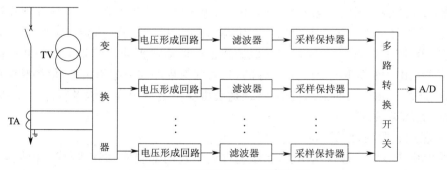

图 3-5　模拟量输入系统结构图

1. 电压形成回路

电流、电压互感器获取被保护电力线路的电流、电压信号需进一步变换为±5 V 或±10 V 范围的低电压信号，输送到微机保护的模数转换芯片使用，其信号变换回路有：

（1）输入电压的电压形成回路

把电压互感器输出的二次额定 100 V 电压变换成最大±5 V 模拟电压信号，变换回路采用电压变换器实现。

（2）输入电流的电压形成回路

把电流互感器输出的二次额定电流变换成最大±5 V模拟电压信号，变换回路采用电流变换器或电抗变换器来实现。

2. 滤波器

电力系统发生短路故障初时，往往含有大量的高次谐波，因此需采用低通滤波器将高频成分滤去，以免干扰微机保护装置的正常工作。

3. 采样保持器

微机保护有多路输入信号，如三相电流、三相电压等。由于 A/D 转换器在进行 A/D 转换时需要一定的时间，如果输入信号变化较快，就会引起较大的转换误差，因此需采用采样保持器，其作用是采样输入电压在某一时刻的瞬时值，并在 A/D 转换期间保持不变，从而保证 A/D 转换的精度。

图 3-6 所示采样保持电路主要由模拟开关 S、储能元件电容 C_H 和缓冲放大器 A_1、A_2 组成，开关 S 的闭合、断开由控制信号控制，采样频率 f 就是控制信号的频率。当开关 S 闭合时，采样开始，模拟信号迅速向电容 C_H 充电到输入电压 V_{IN}；当开关 S 断开时为保持阶段，此时 A/D 转换器进行数据的转换，可见电容充电的时间应远远小于 A/D 转换的时间。

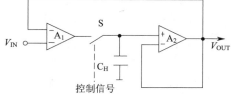

图 3-6　采样保持器工作电路

图 3-7 所示，在每一个采样周期对通道的量全部同时采样。图 3-8 所示为采样过程波形示意图，采样脉冲间隔周期 T_s 的倒数称为采样频率 f_s。采样频率的选择是微机保护中的一个关键问题。采样频率高，采样精确，但对 A/D 转换器的转换速度要求也高。

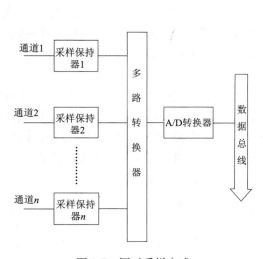

图 3-7　同时采样方式

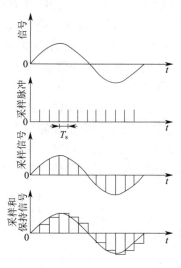

图 3-8　采样过程波形图

4. 多路选择开关

多路选择开关主要是由微机系统按某种方式（按顺序或随机选择）选择多路模拟量的一路进行 A/D 转换，其类型有机械触点式、电子无触点式两种。

图 3-9 所示，为八选一的电子式多路选择开关，其中模拟量由 0～7 路输入（或输出），A、B、C 用于选择八路模拟量的地址选择，选择 OUT 路中的一路模拟量由 OUT/IN 输出或输

入,CD4051 芯片可以用于输入或输出回路中。

5. A/D 转换器

A/D 转换器的作用是将模拟量转换为数字量,根据其工作原理不同分为逐位逼近型、双积分型、电压/频率型等。

图 3-10 所示为逐位逼近型 A/D 转换器的结构框图,由 n 位 A/D 转换器比较器、n 位 D/A 转换器、逐位逼近寄存器、控制时序和逻辑电路、数字量输出锁存器 5 部分组成。以 4 位 A/D 转换器为例,首先将最高位 D_3 置 1,其余各位为 0,得数字量 1 000,通过 D/A 转换为模拟量,形成反馈电压 V_o。输入到比较器与输入模拟量 V_{IN} 进行比较,若 $V_{IN} > V_o$,则保留 D_3 为 1,否则为 0;接下来设置 D_2 为 1,并保留 D_3 比较结果,而 D_1、D_0 为 0,再次进行比较,以确定 D_2,以此类推,确定 D_1、D_0,这样产生的数字量逐次逼近输入的模拟量 V_{IN},最后得出转换结果通过数字量锁存器输出。

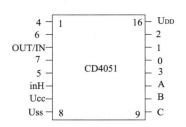

图 3-9　CD4051 多路选择开关引脚图

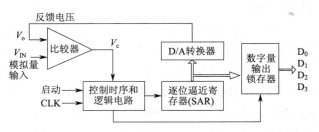

图 3-10　逐次逼近型 A/D 转换器的结构框图

二、微型机主系统

微机保护装置的核心是采用单片机技术,它是由单片机和扩展芯片构成的一台小型工业控制微机系统,除了硬件之外,还有存储器里的软件系统。这些硬件和软件构成的整个单片微机系统主要任务是完成数值测量、逻辑运算及控制和记录等智能化任务。除此之外,现代的微机保护还具备各种远方通信功能,可以发送保护信息并上传给变电站微机监控系统,接收集控站、调度所的控制和管理信息,单片微机系统可以采用单 CPU 或多 CPU 系统。

1. 单 CPU 的结构原理

图 3-11 所示为单 CPU 原理结构图,该微机型主系统包括中央处理器 CPU、只读存储器 ROM、电擦除可编程只读存储器 EPROM、随机存取存储器 RAM、定时器等。CPU 主要执行控制及运算功能。EPROM 主要存储编写的程序,包括监控、继电保护功能程序等,随机存取存储器 RAM 存放保护定值,保护定值的设定或修改可通过面板上的小键盘来实现。

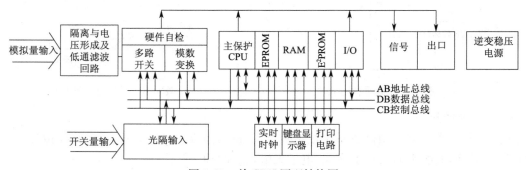

图 3-11　单 CPU 原理结构图

数据采集系统采集的信息输入至 RAM 区,作为原始数据进行分析处理,RAM 是采样数据及运算过程中数据的暂存器,协助中央处理器 CPU 完成各种继电保护的功能。

定时器用来记数、产生采样脉冲和实时钟等。而 CPU 主系统中的小键盘、液晶显示器和打印机等常用设备用于实现人机对话。

一般来讲,在中、低压变电所中,多数简单的保护装置多采用单 CPU 结构。

2. 多 CPU 的结构原理

为了提高保护装置的容错水平,保护装置的主保护和后备保护都应采用相互独立的微机保护系统,即多 CPU 结构,如图 3-12 所示,其中包括距离保护、电流保护、零序电流保护以及自动重合闸等,各部分独立设计微处理器 CPU,这样任何一个保护的 CPU 或芯片损坏均不影响其他保护,各保护的 CPU 总线均不引出,输入及输出回路均经光电隔离处理,将故障定位到插件或芯片,从而大大地提高了保护装置运行的可靠性。

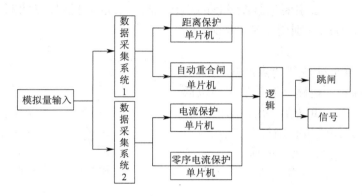

图 3-12 多 CPU 原理结构图

在大型发电厂和高压及超高压变电所中复杂的保护装置,广泛采用多 CPU 的结构方式。

3. 第三代微机保护装置的硬件结构

图 3-13 所示为第三代微机保护原理结构图,属于更为先进的多 CPU 结构,微机主保护系统采用多个 16 位或 32 位微处理器,其数据运算速度快、处理功能强大,性能更加完善可靠。

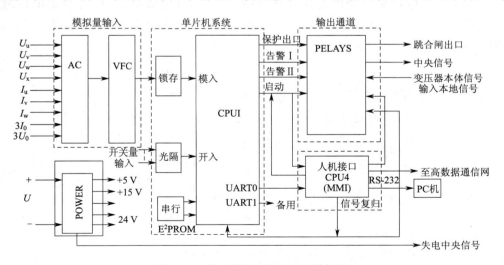

图 3-13 第三代微机保护原理结构图

目前微机保护装置中,采用先进的数字信号处理器 DSP 也是一个新发展方向。DSP 芯片采用哈佛结构,具有快速的数据处理能力和运算功能,采用流水线技术,取指令和执行支路同时进行。将 DSP 技术融合到微机保护系统中,将极大地提高保护装置对采样数据的预处理和计算功能,提高运算速度,更好地实现对数据的实时监测和计算功能。

三、输入/输出系统

开关量输入/输出系统包括若干个并行接口适配器、光电隔离器件及有接点的中间继电器等,该系统完成各种保护的出口跳闸、信号警报、外部接点输入/输出等功能。

输入/输出系统通常输入的开关量信号不满足单片微机系统输入信号电平要求,因此需要信号电平转换。为了提高保护装置的抗干扰性能,通常还需要经整形、延时、光电隔离等处理。

1. 开关量输入电路

开关量输入简称开入,用 DI 表示,主要用于识别运行方式、运行条件等,以便控制程序的流程。开关量输入的信号主要是监控设备的状态,如开关或继电器接点的断开、闭合状态,不同的状态在电路中可以分别用 1 和 0 表示,以便保护装置识别。

图 3-14 所示为通过外部接点经过光电隔离芯片引入微机保护的电路。开关量主要包括断路器和隔离开关的辅助接点、跳合闸位置继电器接点、外部装置闭锁重合闸接点、轻瓦斯和重瓦斯继电器接点断开或闭合的状态等,微机保护装置中一般应设置多路开关量输入电路。

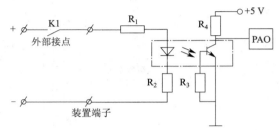

图 3-14　开关量输入电路

2. 开关量输出电路

开关量输出电路简称开出,用 DO 表示,用于驱动各种继电器,来完成微机对设备的控制作用,例如跳闸出口继电器、重合闸出口继电器、装置故障告警继电器等。图 3-15 所示为一个开出量输出电路原理图。并行口 B 的输出口 PB. 5、PB. 6 驱动两路开出量电路,PB. 7 作为两者信号是否输出的控制,经过 7 400 与非门电路,控制光电隔离芯片的输入,光电隔离的输出驱动三极管,24 V 电源经告警继电器的常闭接点 AXJ、光电隔离、三极管驱动出口继电器 CKJ1,其接点闭合接通输出电路信号,24 V 电源经启动继电器的接点 QDJ 控制,以提高开出电路的可靠性。

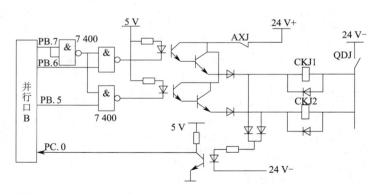

图 3-15　开关量输出电路

当线路发生故障后,启动继电器 QDJ 动作,其接点闭合。若故障位于保护区内,则发出跳闸命令,从而光电隔离导通,三极管导通,24 V 电源经告警继电器的常闭接点、三极管、隔离二极管使出口继电器 CKJ1 动作。

3. 人机对话系统

微机保护的人机接口回路是指键盘、显示器及 CPU 插件电路。其作用是通过键盘和显示器完成人机对话任务、时钟校对及 CPU 插件通信和巡检任务。在单 CPU 结构的保护中，接口 CPU 就由保护 CPU 兼任。在多 CPU 结构保护中，另设专用的人机接口 CPU 插件。

微机保护系统的运行是在操作人员的设置操作下完成的，如整定值输入、工作方式的变更，对单片机微机系统状态的检查等都需要进行人机对话。通常可以通过键盘、汉化液晶显示、打印机及信号灯、音响或语言告警等来实现人机对话功能。

各保护装置向保护管理机屏提供定值清单、保护事件记录、装置告警及异常、故障跳闸报告（如故障类型、故障波形等）等信息。保护管理机屏能接入各保护装置的串行输入、输出接口，并有一定数量的备用接口，以便扩建各种保护。

人机操作管理中，应有操作许可密码，密码分为三级：一级为运行人员查看；二级为检修人员投入和退出保护；三级为继保专业人员保护装置的参数整定和投运的设置等。

4. 电源

微机保护系统要求非常可靠的直流低压电源，通常这种电源是采用逆变电源，即将直流电源逆变为交流，再把交流整流为微机系统所需要的直流低电压。逆变电源的另一个作用是把变电所强电系统的直流电源与微机的弱电系统电源完全隔离，通过逆变后的直流电源具有极强的抗干扰水平，这样对来自变电所较高电压系统因断路器跳闸、合闸等原因产生的干扰可以完全消除。

5. 出口及信号插件

微机保护装置的各保护单元如果判断出现故障，则发出动作信号，此信号通过各出口电路，到相应的控制对象，如断路器跳闸、故障指示灯、告警音响等。同时将故障信息进行通信传输。因此设置功能不同的出口电路，如图 3-16(a)、(b)、(c)所示分别为保护出口插件、辅助信号插件以及通信接口插件的出口电路。

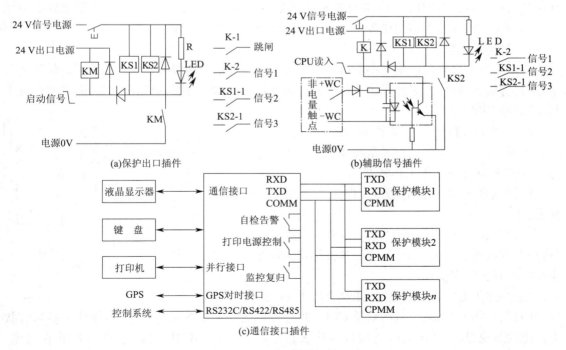

图 3-16　出口及信号插件电路

第三节　微机保护的软件系统

微型计算机在配置硬件电路的基础上,其主要的保护功能是通过编写软件来实现的。微机保护系统软件主要有:

一、接口软件

接口软件是指人机接口部分的软件,其程序可分为监控程序和运行程序。执行哪一部分程序由接口面板的工作方式或显示器上显示的菜单选择来决定。调试方式下执行监控程序,运行方式下执行运行程序。

监控程序就是键盘命令处理程序,是为接口插件(或电路)及各 CPU 保护插件(或采样电路)进行调节和整定而设置的程序。

运行程序由主程序和定时中断服务程序构成。主程序主要完成巡检(各 CPU 保护插件)、键盘扫描和处理及故障信息的排列和打印。定时中断服务程序包括了以下几个部分:软件时钟程序、以硬件时钟控制并同步各 CPU 插件的软时钟、检测各 CPU 插件启动元件是否动作的检测启动程序。所谓软件时钟就是每经 1.66ms 产生一次定时中断,在中断服务程序中软件计数器加 1,当软件计数器加到 600 时,秒计数加 1,从而完成时钟功能。

二、保护软件

1. 主程序

主程序通常都有 3 个基本模块:初始化和自检循环模块、保护逻辑判断模块和跳闸处理模块。一般把保护逻辑判断和跳闸处理总称为故障处理模块。初始化和自检循环模块在不同的保护装置中基本是相同的,而故障处理模块就随不同的保护装置相差甚远。如距离保护中保护逻辑判断就包含有振荡闭锁程序,而零序电流保护就没有设计此程序。

2. 中断服务程序

中断服务程序有定时采样中断服务程序和串行口通信中断服务程序。在不同的保护装置中,采样算法、采样中断服务程序不尽相同。另外,不同保护装置的通信规约不同,也会造成串行口通信程序的很大差异。

3. 中断服务程序与主程序各模块间的关系

主程序与中断服务程序关系图如图 3-17 所示。

4. 保护软件的 3 种工作状态

保护软件有 3 种工作状态,即运行、调试和不对应状态。

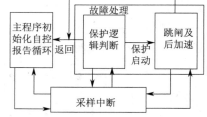

图 3-17　主程序与中断服务程序的关系图

(1)当保护插件面板的方式开关或显示器菜单选择为"运行",则该保护就处于运行状态,其软件就执行保护主程序和中断服务程序操作。

(2)当选择为"调试"且复位 CPU,则工作在调试状态。

(3)当选择为"调试",但不复位 CPU,并且接口插件工作在运行状态时,就处于不对应状态。也就是说保护 CPU 插件与接口插件状态不对应。设置不对应状态是为了防止在对模/数转换插件进行调试过程中保护频繁动作及告警。

5. 保护软件应用举例——电流保护程序流程图

微机保护的流程图能够比较直观、形象、清楚地反映保护的工作过程和逻辑关系。微机保护的程序结构可以有很多种不同的构成方案,如多任务型、多线程型等。各种不同功能、不同原理的微机保护,主要的区别体现在软件上,因此,将算法与程序结合,并合理安排程序结构就能够实现不同的保护功能。

如图 3-18(a)所示,保护装置开机后,即进入主程序运行:打开中断、监视键盘、自检自纠,并往复循环执行。同时在此过程中定时进入中断服务程序,如图 3-18(b)所示,采样输入数据并进行计算,运行保护程序判断有无故障,若有故障,则确定故障发生的远近位置,相应该段保护动作,发出故障动作信号;若无故障则中断结束,返回到主程序继续执行。

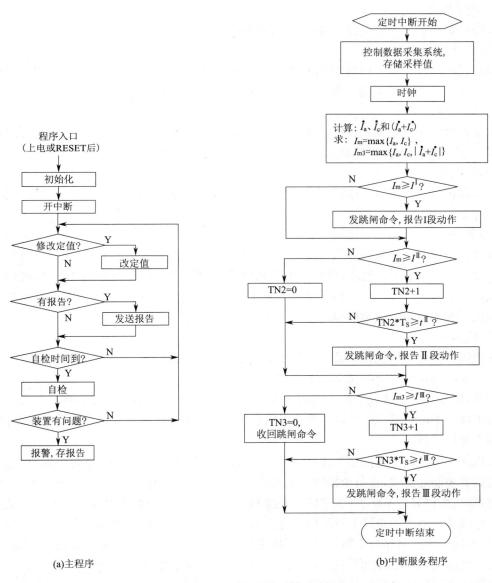

(a)主程序　　　　　　　　　　　　(b)中断服务程序

图 3-18　电流保护程序流程图

第四节　微机保护装置的硬件抗干扰措施

微机保护装置对于来自外部的干扰信号,主要是采取防止干扰进入保护装置的措施,而对于装置内部产生的干扰信号,主要是采取减少或消除的措施。

在微机保护装置的硬件设计方面,为提高装置的可靠性,在芯片选择、印刷电路板制作、焊接组装、总线形式、屏柜结构等方面采取了许多提高可靠性的措施。

一、微机装置的硬件抗干扰措施

硬件抗干扰措施主要归纳为接地、屏蔽、隔离 3 项措施。

1. 接地处理

在微机保护装置中有多种地线,一般有下列几种:

(1)数字地

也称逻辑地线。这是指微机系统工作电源的地线或接地,在模数转换芯片中该引脚以 DGND 表示。例如微机系统工作在直流 5 V 电源,5 V 电源的地即为数字地。

(2)模拟地

这是指微机保护装置的数据采集系统中模拟信号的公共端。在实现模数转换的芯片上该引脚以 AGNG 表示。模拟地和数字地应在一点以尽可能短的方式可靠连接。

(3)屏蔽地

是将保护装置外壳以及电流、电压变换器的屏蔽层接地,以防止外部电磁场干扰以及输入回路串入的干扰。

(4)电源地

微机保护装置中一般有多级直流电压,分别供不同的电路。一般有 5 V 电源,供微机系统使用;±15 V(或±12 V)电源,供数据采集系统使用;第一组 24 V 电源供开关量输出驱动的各类继电器使用;第二组 24 V 电源供外部开关量输入使用。这些电源均采用不共地的方式。数据采集系统的电源地应和模拟地连在一起。

(5)机壳地

在微机保护装置的机箱上设有一个接地端子,用作机壳接地。屏蔽地应与此端子连接,并通过这个端子与保护屏上的接地端子连接,并接至变电所的接地网。

此外,信号地是指通过把装置中的两点或多点接地点用低阻抗的导体连在一起,为内部微机电路提供一个电位基准。功率地是将微机保护电源回路串入的以及低通滤波器回路耦合进的各种干扰信号滤除。

微机保护装置通常是由多个插件组成,各插件板应遵循一点接地的原则。由于芯片集成度的提高和功能的加强,在每个插件上又可能包括多种功能模块,例如,在一个插件上包括了单片机系统、数据采集系统、开关量输入系统和开关量输出系统,各个系统采用的电压又不同。

在电源线和地线的布置上可采用的方案有:采用多层板技术,将电源、地线布置在不同印制板层;当同一印制电路板上有多个不同功能模块时,可将同一功能模块的元件集中在一起一点接地。电源线、地线走向应与信号线走向一致,有助于增强抗噪声的能力。

电源线和地线的宽度应使它能通过 3 倍于印制板上的电流。地线宽度应不小于 3 mm,地线宽度的增加,可降低地线电阻,减小地线压降产生的噪声干扰。在可能的条件下,地线应布置成环状或网状。

2. 屏蔽措施

隔离和屏蔽技术是防止外部电磁干扰进入装置内部的有效措施。屏蔽是指用屏蔽体把通过空间电场、磁场耦合的干扰部分隔离开,切断其空间传播的途径,即阻隔来自空间电磁场的辐射干扰。良好的屏蔽和接地紧密相连,可大大降低噪声耦合,取得较好的抗干扰效果。根据干扰的耦合通道性质,屏蔽可分为电场屏蔽、磁场屏蔽和电磁屏蔽。在微机保护装置中采用的屏蔽措施如下:

(1)保护小间屏蔽。微机保护的出现使保护放置于开关场成为可能。为减少开关场的强电磁场对微机保护装置的干扰,可将微机保护装置安装在保护小间内。这个保护小间构成了一个屏蔽体。有两种方案,一种是全密封式,一种是网孔式,为加强屏蔽效果,可采用双层屏蔽措施。

(2)保护柜屏蔽。将保护装置安装于密封的保护柜内,保护柜安装于开关场。为保证保护装置正常工作,柜内设有温度调节系统。柜体相当于屏蔽体起到了屏蔽作用。

(3)机箱屏蔽。连成一体的保护机箱可起到一定屏蔽作用。

(4)模拟变换器的原副边设有屏蔽层。

(5)印制板内的布线屏蔽。

3. 隔离措施

隔离实质是一种切断电磁干扰传播途径的抗干扰措施,即在电路上把干扰源与受干扰的部分从电气上完全隔开。通常将保护装置中与外界相连的导线、电源线等经过隔离后再连入装置,这种方法能有效抑制共模干扰。在微机保护装置中,采用的隔离措施主要有:

(1)光电隔离——光电隔离主要是采用了光电耦合器件。采用光电隔离器件后,输入、输出电路完全没有电的联系。因此,输入电路与输出电路可采用完全不同的工作电压。在微机保护中采用光电隔离的电路主要有:VFC 式数据采集系统的光电隔离,开关量输入电路的光电隔离,开关量输出电路的光电隔离,驱动打印机电路的光电隔离等。

(2)变压器隔离——变压器的原、副边只有磁路的联系,而没有电路的联系,所以变压器可以起到很好的隔离作用。

(3)继电器隔离——继电器的线圈与接点之间没有电气联系,因此继电器线圈、接点之间是相互隔离的。这也是微机保护装置的最终跳闸出口元件仍然采用有触点继电器的原因。在微机保护装置的硬件设计上,对驱动跳闸的开关量输出环节非常重视,为保证其可靠性,通常设有告警继电器或总闭锁继电器的触点控制,实际上就是继电器隔离措施。

二、微机保护装置采取的抗干扰措施

《电力系统继电保护及安全自动装置反事故措施要点》中,有关微机保护屏抗干扰措施主要有以下几点要求:

1. 保护屏必须有接地端子,并用截面不小于 4 mm² 的多股铜导线与接地网直接连通,微机保护屏间应用截面不小于 100 mm² 的专用接地铜排首尾相连,然后在接地网的一点经铜排与控制室的接地网相连。

2. 引到微机保护装置的交流和直流电缆线,应先经过抗干扰电容,然后再进入保护屏内。抗干扰电容的一端直接与电缆引入端连接,另一端并接后与保护屏接地端子可靠连接。

3. 引入微机保护装置的电流、电压和信号的电缆线,应采用屏蔽电缆,屏蔽层在开关场与控制室同时接地。

4. 经控制室零相小母线(N600)连通的几组电压互感器二次回路,只应在控制室将 N600 一点接地,各电压互感器二次侧中性点在开关场的接地点应断开。为保证可靠接地,电压互感器的中性点不允许接有可能断开的断路器或接触器。

习题与思考题

1. 微机保护装置的特点是什么?
2. 微机保护装置的硬件电路由哪几部分构成?
3. 数据采集系统的作用是什么?
4. 采样保持器的作用是什么?
5. 微机保护装置的主系统由哪几部分构成,各完成什么功能?
6. 微机保护装置采取的抗干扰措施有哪些?

第二篇 输电线路的保护

输电线路按其结构形式分为架空输电线路和电缆线路。架空线路由线路杆塔、导线、绝缘子等构成，架设在地面之上。架空线路架设及维修比较方便，成本也较低，但容易受到气象和环境（如大风、雷击、污秽等）的影响而引起故障，尤其是短路故障频繁，对安全供电的影响非常大。电缆线路主要是采用敷设在地下或水域下的电缆，相对受气候条件和环境的影响比较小，因而故障发生的概率相对较小，为此本篇主要介绍架空输电线路的保护。

输电线路的故障主要有相间短路故障，接地短路故障等，针对不同的故障类型设置相应的保护方案，如电流保护、距离保护、接地保护等，本篇将对上述保护的工作原理、接线方式及整定计算等作详细介绍，特别是对四边形特性的阻抗继电器的构成原理及整定计算等作重点分析。

第四章 相间短路的电流保护

第一节 电流保护装置的接线方式

电流保护是监测输电线路电流的大小而动作的保护装置，电流保护装置通过电流互感器与输电线路的连接方式，称为保护装置的接线方式。在不同的接线方式下，保护的整定计算及动作情况也不相同。电流保护装置常用的接线方式有如下几种。

一、三相完全星接方式

如图 4-1 所示，在电力线路的 U、V、W 三相均设有电流互感器，其二次侧接成完全星形接线，并将测量电流分别接入三个电流继电器 KA1、KA2、KA3。这种接线方式能够有效地保护各种相间短路故障和接地故障，当线路任何两相发生相间短路故障时，至少有两个继电器能反映短路故障电流而动作，保护的可靠性好，但此接线方式投入设备多，不经济。

在电流保护装置接线中，流过电流继电器的电流 I_k 与电流互感器二次侧电流 I_2 之比，称为接线系数，用 K_w 表示，即：

$$K_w = \frac{I_k}{I_2} \qquad (4-1)$$

三相完全星形接线下，流过继电器的电流与流过电流互感器二次侧电流相等，因此接线系数 K_w 为 1。

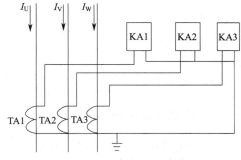

图 4-1 三相完全星形接线

二、两相两继电器不完全星接方式

图 4-2 所示为两相两继电器不完全星接方式，此方式能反映任何相间短路故障，因此常作

为线路的相间短路故障保护。与三相完全星接方式类似其接线也系数为 1。

由于在 V 相不装设电流互感器和电流保护装置,因此保护装置不能全面反映单相接地故障,例如 V 相的接地故障。如果线路特设专门的接地保护时,该接线方式还是比较经济,接线也相对简单。

三、两相三继电器不完全星接方式

图 4-3 所示为两相三继电器接线方式,即在两相两继电器接线的基础上,增设一个电流继电器 KA3 并接入 U、W 相电流之和,即当 U、W 相间短路时,流过 KA3 的电流增大一倍,这样可以提高保护动作的灵敏度。

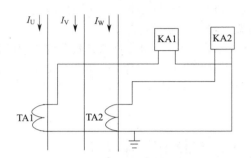
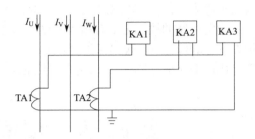

图 4-2　两相两继电器不完全星形接线　　　　　图 4-3　两相三继电器不完全三相星形接线

第二节　线路电流保护的构成及整定计算

电流保护是继电保护最常见的一种形式,在输电线路保护中应用较多,一般多用于 10～35 kV 电网。电流保护是根据所测量电流值的大小而动作的,当保护装置测量电流大于保护的整定值时,立即或延时作用于相应断路器,使之跳闸,切断故障,与此同时发出保护动作信号。

电流保护的类型主要分为瞬时电流速断保护、限时电流速断保护、过电流保护。下面以图 4-4 所示线路为例介绍在电源 G 始端断路器 QF1 处设置电流保护的配置方法,工作原理及整定计算等。

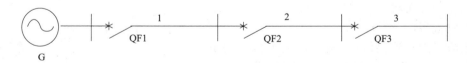

图 4-4　电流保护线路示意图

一、瞬时电流速断保护

瞬时电流速断保护简称为电流速断保护,又称为线路的 I 段电流保护,一般作为线路的主保护,在 1、2、3 号各段线路上均有设置,其保护原理接线如图 4-5 所示。

电流速断保护的特点是动作过程没有时限元件的延时,保护动作时间只包括继电器的固有动作时间与断路器的分闸时间。当短路故障电流较大时,电流互感器 TA 测量的二次侧电流大于电流继电器 KA 的整定值,电流继电器 KA 动作,其常开接点闭合。由于电流继电器的接点容量较小,不能直接接通断路器的分闸回路,而只能接通中间继电器的线圈,并经中间继电器 KM 的接点、通过信号继电器 KS 的线圈,接通断路器分闸线圈的受电回路,使断路器跳闸,及时将故障切除,并由信号继电器发出动作信号。

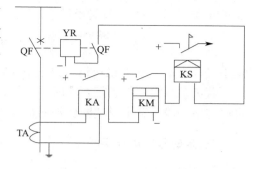

图 4-5　瞬时电流速断保护接线图

为了保证电流速断保护的选择性,防止下一段线路短路故障时保护误动作,电流速断保护的动作电流是按本段线路末端(即 1 号线路的末端)的最大短路电流 $I_{k \cdot max}^{(3)}$ 进行整定的,1 号线路 I 段电流保护的整定值 $I_{op \cdot 1}^{I}$ 计算如下:

$$I_{op \cdot 1}^{I} = K_{rel}^{I} I_{k \cdot max}^{(3)}　　　　　　(4-2)$$

式中　K_{rel}^{I}——瞬时电流速断保护装置动作的可靠系数,取 1.2~1.3;

　　　$I_{k \cdot max}^{(3)}$——本段线路末端的最大短路电流。

注意:$I_{op \cdot 1}^{I}$ 为电流互感器一次侧整定值,在继电器上进行整定时,要考虑到电流互感器的变比 K_i 及接线系数 K_w,一次侧电流整定值折算到继电器侧的计算公式如下:

$$I_{op \cdot k}^{I} = I_{op \cdot 1}^{I} K_w / K_i　　　　　　(4-3)$$

由于保护动作值 $I_{op \cdot k}^{I}$ 整定计算时引入了可靠系数,因此本线路末端短路时,保护不会动作,可见电流速断保护不能保护线路的全长,保护的灵敏度通常以其保护范围占全长的百分数来表示,要求在最小运行方式下其保护范围不低于本线路全长的 15%~20%,否则保护装置将失去意义。

二、限时电流速断保护

限时电流速断保护又称为线路的 II 段电流保护,是作为本线路 I 段电流保护的后备保护,由于电流速断保护不能保护线路的全长,因此保护本线路全长的任务就由限时电流速断保护装置来完成,保护原理接线图如图 4-6 所示。

根据保护选择性的需要,限时电流速断应躲开下一段线路即 2 号线路保护装置对短路故障的处理,故保护需从动作电流与动作时间两方面来满足保护的选择性要求,因此图 4-6 保护接线中设置了时限元件时间继电器 KT。

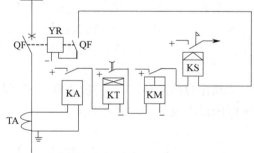

图 4-6　限时电流速断保护接线图

依据上述原则,即 II 段电流保护的保护范围应不超越下一段线路电流速断保护的保护范围,因此电流动作值 $I_{op \cdot 1}^{II}$ 应大于下一段线路电流速断保护的动作值 $I_{op \cdot 2}^{I}$,整定计算如下:

$$I_{op \cdot 1}^{II} = K_{rel}^{II} I_{op \cdot 2}^{I}　　　　　　(4-4)$$

式中　K_{rel}^{II}——限时电流速断保护装置动作的可靠系数,取 1.1~1.2;

　　　$I_{op \cdot 2}^{I}$——下一段线路的电流速断保护的动作值。

限时电流速断保护的动作时间比下一段线路瞬时电流速断保护装置的动作时间大一个时间级差 Δt,Δt 通常取 0.5 s,即时间继电器 KT 的延时时间 $t_{op \cdot 1}^{II}$ 为 0.5 s。

限时电流速断必须保护到本线路的全长,因此其灵敏度是在本线路的末端进行校验。在最小运行方式下,当本线路末端发生两相短路时,短路电流 $I_{k \cdot min \cdot 1}^{(2)}$ 最小,限时电流速断保护应

能可靠动作,灵敏系数校验条件为:

$$K_s = \frac{I^{(2)}_{k \cdot \min \cdot 1}}{I^{\text{II}}_{op \cdot 1}} \geqslant 1.25 \tag{4-5}$$

式中　$I^{(2)}_{k \cdot \min \cdot 1}$——在最小运行方式下,线路末端发生两相短路时的短路电流。

若灵敏系数不能满足要求时,要适当对动作值进行调整,此时限时电流速断保护的整定值可以与下一段线路限时速断保护的整定值进行配合。

三、定时限过电流保护

定时限过电流保护又称为线路的Ⅲ段电流保护,是应用较为广泛的电流保护方式,其动作电流是按躲过最大负荷电流来整定,动作值相对Ⅰ、Ⅱ段电流保护较小,动作时间也较长,因此Ⅲ段电流保护是作为Ⅰ、Ⅱ段电流保护的后备保护而设置的。两相两继电器接线方式的定时限过电流保护原理接线如图 4-7 所示,与Ⅱ段电流保护相似,保护装置也设置了时间继电器。

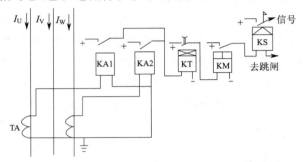

图 4-7　定时限过电流保护原理接线图

Ⅲ段电流保护动作电流的整定原则是确保最大负荷运行时保护装置能可靠不动作,即保护装置应躲开线路的最大负荷电流 $I_{L \cdot \max}$。因此动作电流 $I^{\text{III}}_{op \cdot 1}$ 应满足:$I^{\text{III}}_{op \cdot 1} > I_{L \cdot \max}$,同时在故障切除后,应能可靠返回,故电流继电器的动作电流的整定计算如下:

$$I^{\text{III}}_{op \cdot 1} = \frac{K^{\text{III}}_{rel} K_{ss} K_w}{K_i K_{re}} I_{L \cdot \max} \tag{4-6}$$

式中　K^{III}_{rel}——可靠系数;一般取 1.15～1.25;

　　　K_{ss}——电动机在恢复送电后的自启动系数,一般取 1.5～3;

　　　K_{re}——电流继电器的返回系数,取 0.85;

　　　K_i——电流互感器的变比;

　　　K_w——接线系数。

动作时间的整定:按阶梯原则整定,即本线路定时限过电流保护的动作时间比下一段线路定时限过电流保护的动作时间大一个时间差 Δt,Δt 通常取 0.5 s。

$$t^{\text{III}}_{op \cdot 1} = t^{\text{III}}_{op \cdot 2} + \Delta t \tag{4-7}$$

由于Ⅲ段电流保护通常用作本线路的近后备保护和下一段线路的远后备保护,因此灵敏系数的校验分以下两种情况:

(1)作为近后备保护,当本段线路末端发生两相短路时,灵敏系数应满足:

$$K_s = \frac{I^{(2)}_{k \cdot \min \cdot 1}}{I^{\text{III}}_{op \cdot 1}} > 1.5 \tag{4-8}$$

$I^{(2)}_{k \cdot \min \cdot 1}$——本段线路末端短路时的最小短路电流。

(2)作为远后备保护,当下一段线路末端发生两相短路时,灵敏系数应满足:

$$K_s = \frac{I^{(2)}_{k \cdot \min \cdot 2}}{I^{\text{III}}_{op \cdot 1}} > 1.2 \tag{4-9}$$

$I^{(2)}_{k \cdot \min \cdot 2}$——下段线路末端短路时的最小短路电流。

第三节　电流保护的应用——三段式电流保护

一、三段式电流保护的工作原理

三段式电流保护是电力线路经常采用的保护方式,即在线路各出口断路器 QF1、QF2、QF3 处设置Ⅰ、Ⅱ、Ⅲ段电流保护,并进行有效地配合,完成对线路完善的保护功能。

基本保护方案如图 4-8 所示,各段线路设置相应保护的主保护及后备保护。每段线路的主保护为Ⅰ段电流保护,而Ⅱ段电流保护是作为Ⅰ段的近后备保护,Ⅲ段作为本段线路的近后备保护及下一段线路的远后备保护。

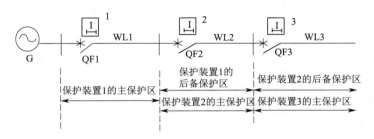

图 4-8　三段式电流保护方案

若故障落在 WL1 线路的Ⅰ段保护范围内,应由保护装置 1 的Ⅰ段电流保护动作,切除故障,若Ⅰ段保护故障拒动,则延时后由Ⅱ段保护动作,切除故障,若Ⅱ段保护故障拒动,则延时后由Ⅲ段保护动作将故障切除。

若故障落在 WL2 线路的Ⅰ段保护范围内,则由保护装置 2 的Ⅰ段电流保护动作,将故障切除,或断路器 QF2 拒动,则由保护装置 1 的Ⅲ段电流保护动作切除故障。

三段式电流保护的保护范围、动作值及动作时间的关系如图 4-9 所示。

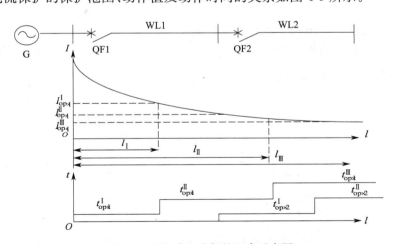

图 4-9　三段式电流保护配合示意图

图 4-9 所示,电流速断保护作为本线路保护的主保护,为三段式保护中的Ⅰ段电流保护,其动作时间 t_{op}^{I} 很短,在较大短路电流的情况下能起到快速切除故障的目的,为防止电流速断的保护范围延伸到下一段线路从而失去保护的选择性,Ⅰ段电流保护范围 l_I 为本线路全长的 70% 左右。

Ⅱ段电流保护采用限时电流速断保护,其主要保护范围为本线路全长,并延伸到下一段部分线路,作为本线路I段保护的近后备保护,其动作值 $I_{op.1}^{II}$ 与下一段线路的保护I段的动作值 $I_{op.2}^{I}$ 相配合,动作值比其大一个可靠系数,动作时间 $t_{op.1}^{II}$ 比 $t_{op.1}^{I}$ 延长 0.5 s,以满足保护的选择性要求。

在电流保护Ⅰ段、Ⅱ段保护的基础上,另设置Ⅲ段电流保护作为前两段保护的后备保护,即定时限过电流保护。Ⅲ段电流保护是按最大负荷电流进行整定,动作值 $I_{op.1}^{III}$ 比较小,灵敏度高,其动作时间 $t_{op.1}^{III}$ 比较长,与下一段线路保护Ⅲ段动作时间配合,增加 0.5 s。

表 4-1 对各段电流保护的特点进行了比较。

表 4-1　三段式电流保护的比较

	保护范围	继电器动作值整定	动作时间整定	校　　验
Ⅰ段电流保护	本线路的 70-80%	$I_{op.1.k}^{I} = K_{rel}^{I} I_{k.max}^{(3)} K_w / K_i$	$t_{op.1}^{I} = 0$	保护范围不低于本线路全长的 15%～20%
Ⅱ段电流保护	本线路的末端	$I_{op.1.k}^{II} = K_{rel}^{II} I_{op.2}^{I} K_w / K_i$	$t_{op.1}^{II} = 0.5$ s	$K_s = \dfrac{I_{k.min.1}^{(2)}}{I_{op.1}^{II}} \geq 1.25$
Ⅲ段电流保护	下一段线路的末端	$I_{op.1.k}^{III} = \dfrac{K_{rel}^{III} K_{ss} K_w}{K_i K_{re}} I_{L.max}$	$t_{op.1}^{III} = t_{op.2}^{III} + \Delta t$	$K_s = \dfrac{I_{k.min.1}^{(2)}}{I_{op.1}^{III}} > 1.5$　$K_s = \dfrac{I_{k.min.2}^{(2)}}{I_{op.1}^{III}} \geq 1.2$
总　结	1. 电流保护动作值: $I_{op.1}^{I} > I_{op.1}^{II} > I_{op.1}^{III}$ 2. 动作时间: $t_{op.1}^{I} < t_{op.1}^{II} < t_{op.1}^{III}$ 3. 保护范围: $l_{op.1}^{I} < l_{op.1}^{II} < l_{op.1}^{III}$ 4. Δt 一般取 0.5 s			

二、三段式电流保护的原理接线

三段式电流保护由电流速断、限时电流速断和过电流保护相配合而构成完善的保护方案,原理接线图如图 4-10 所示,在实际应用中常用其交流、直流展开图,如图 4-11 所示。

小结:

(1)电流保护在单侧电源单向供电线路上具有选择性。

(2)Ⅲ段电流保护的动作电流比Ⅰ、Ⅱ段的小得多,故其灵敏度比Ⅰ、Ⅱ段更高。

(3)在主保护、后备保护之间,只有保护的灵敏系数及动作时限都互相配合时,才能有效保证选择性要求。

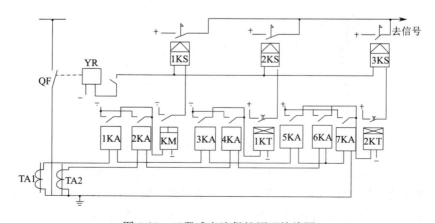

图 4-10　三段式电流保护原理接线图

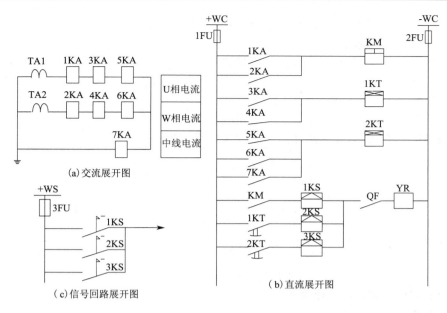

图 4-11 三段式电流保护原理展开图

第四节 三段式电流保护整定实例

10 kV 线路如图 4-12 所示,在线路出口断路器 QF_1、QF_2、QF_3 处均装设三段式电流保护,等值电源的系统阻抗:$Z_{s \cdot min} = 0.2\Omega$,$Z_{s \cdot max} = 0.3\Omega$;线路正序阻抗 $Z_1 = 0.4\Omega/km$,两段线路长度:$l_1 = 10$ km,$l_2 = 15$ km;线路 1 的最大负荷电流 $I_{L \cdot max} = 150A$,线路 2 的Ⅲ段电流保护动作时间 $t_{op \cdot 2}^{III} = 1$ s,各段可靠系数为 $K_{rel}^{I} = 1.25$,$K_{rel}^{II} = 1.1$,$K_{rel}^{III} = 1.2$;自启动系数 $K_{ss} = 1.5$,返回系数 $K_{re} = 0.85$,电流保护装置采用完全星接方式,接线系数为 1,试对线路的三段电流保护进行整定计算。

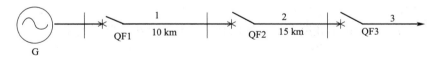

图 4-12 电流保护线路示意图

1. Ⅰ段电流保护整定

(1)电流动作值的整定:按躲过本线路末端三相短路时最大短路电流来整定,计算如下:

$$I_{op \cdot 1}^{I} = K_{rel}^{I} I_{k \cdot max \cdot 1}^{(3)} = K_{rel}^{I} \times \frac{E}{Z_{s \cdot min} + Z_1 l_1}$$

$$= 1.25 \times \frac{10.5/\sqrt{3}}{0.2 + 0.4 \times 10} = 1.8(kA)$$

(2)动作时间:继电器动作的固有时间。

(3)灵敏度校验:求出最大、最小保护范围。

①在最大运行方式下,发生三相短路时的保护范围:

$$l_{max} = \frac{1}{Z_1}\left(\frac{E}{I_{op \cdot 1}^{I}} - Z_{s \cdot min}\right)$$

$$=\frac{1}{0.4}(\frac{10.5/\sqrt{3}}{1.8}-0.2)$$

$$=7.92(\text{km})$$

$$l_{\max}\%=\frac{l_{\max}}{l_1}\times100\%=\frac{7.92}{10}\times100\%$$

$$=79.2\%$$

②在最小运行方式下,发生两相短路时的保护范围为:

$$l_{\min}=\frac{1}{Z_1}(\frac{E}{I^{I}_{op·1}}\times\frac{\sqrt{3}}{2}-Z_{s·\max})$$

$$=\frac{1}{0.4}(\frac{10.5/\sqrt{3}}{1.8}\times\frac{\sqrt{3}}{2}-0.3)=6.54(\text{km})$$

$$l_{\min}\%=\frac{l_{\min}}{l_1}\times100\%=\frac{6.54}{10}\times100\%$$

$$=65.4\%>15\%$$

故Ⅰ段电流保护满足灵敏度要求。

2. Ⅱ段电流保护的整定

(1)电流动作值的整定

与相邻线路 2 的Ⅰ段电流保护动作值相配合,计算如下:

$$I^{II}_{op·1}=K^{II}_{rel}I^{I}_{op·2}=K^{II}_{rel}K^{I}_{rel}I^{(3)}_{k·\max·2}$$

$$I^{(3)}_{k·\max·2}=\frac{E}{Z_{s·\min}+Z_1(l_1+l_2)}$$

$$I^{II}_{op·1}=1.1\times1.25\times\frac{10.5/\sqrt{3}}{0.2+0.4\times25}=0.82(\text{kA})$$

(2)动作时间

动作时间比相邻线路 2 的Ⅰ段动作时间大一个时间级差 Δt,即

$$t^{II}_{op·1}=t^{I}_{op·2}+\Delta t=0.5(\text{s})$$

(3)灵敏度校验

在最小运行方式下,按本线路末端发生两相短路时的最小短路电流来校验。

$$K_s=\frac{I^{(2)}_{k·\min·1}}{I^{II}_{op·1}}=\frac{\frac{E}{Z_{s·\max}+Z_1l_1}\times\frac{\sqrt{3}}{2}}{I^{II}_{op·1}}$$

$$=\frac{(\frac{10.5/\sqrt{3}}{0.3+0.4\times10}\times\frac{\sqrt{3}}{2})}{0.82}$$

$$=1.49>1.25$$

故Ⅱ段电流保护灵敏度满足要求。

3. Ⅲ段电流保护的整定

(1)电流动作值的整定:按躲过本线路流过的最大负荷电流来整定,计算如下:

$$I^{III}_{op·1}=\frac{K^{III}_{rel}K_{ss}K_w}{K_{re}}I_{L·\max}$$

$$=\frac{1.2\times1.5}{0.85}\times0.15=0.32(\text{kA})$$

(2)动作时间:比相邻线路 2 的 Ⅱ 段动作时间大一个时间级差 Δt,即:

$$t_{op·1}^{Ⅲ}=t_{op·2}^{Ⅲ}+\Delta t=1+0.5=1.5(s)$$

(3)灵敏度校验:在最小运行方式下,线路末端发生两相短路时的最小短路电流来校验。

①作为近后备保护,灵敏系数计算如下:

$$K_s=\frac{I_{k·min·1}^{(2)}}{I_{op·1}^{Ⅲ}}=\left(\frac{E}{Z_{s·max}+Z_1L_1}\times\frac{\sqrt{3}}{2}\right)/I_{op·1}^{Ⅲ}$$

$$=\frac{\dfrac{10.5/\sqrt{3}}{0.3+0.4\times10}\times\dfrac{\sqrt{3}}{2}}{0.32}$$

$$=3.82>1.5$$

因此,灵敏度满足要求。

②作为远后备保护,灵敏系数计算如下:

$$K_s=\frac{I_{k·min·2}^{(2)}}{I_{op·1}^{Ⅲ}}=\frac{\dfrac{E}{Z_{s·max}+Z_1(l_1+l_2)}\times\dfrac{\sqrt{3}}{2}}{I_{op·1}^{Ⅲ}}$$

$$=\frac{\dfrac{10.5/\sqrt{3}}{0.3+0.4\times25}\times\dfrac{\sqrt{3}}{2}}{0.32}$$

$$=1.59>1.2$$

因此,灵敏度满足要求。

第五节　电压速断及低电压启动过电流保护

三段式电流保护虽然具有选择性好,动作速度快、后备保护完善等优点,但当系统运行方式变化较大时,瞬时电流速断的保护范围有可能小于被保护线路的 15%,尤其是对于短路电流曲线变化平坦或距离较短的线路,甚至没有保护范围。同样对于重负荷且距离又长的线路,过电流保护的灵敏度也难以满足要求,通常还要采用电压速断和低电压启动的过电流保护加以完善。

当发生短路故障时,电压的下降要比电流增大的程度大,因此采用低电压启动的过电流保护,可以大大提高保护装置的灵敏度,并被广泛用于变压器、电容器的保护。

一、电压速断保护

反映电压下降而瞬时动作的保护称为电压速断保护,电压速断保护的原理接线如图 4-13 所示。

当线路发生短路故障时,电压降低,电压互感器 TV 检测的电压也降低,其二次侧电压输入到电压继电器 KV,当继电器测量的电压低于其动作电压时,继电器常闭接点闭合,并启动中间继电器 KM,中间继电器常开接点闭合,接通断路器的跳闸线圈 YR,断路器 QF 跳闸。

电压速断保护整定计算的基本依据是短路故障时保护安装处的母线残压,为满足选择性要求,电压

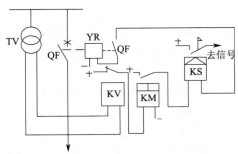

图 4-13　电压速断保护原理接线图

速断保护的电压动作值应按在最小运行方式下,躲过被保护线路末端两相短路时保护装置安装处的母线最小残压 $U_{k \cdot min}$ 来整定,即动作电压计算如下:

$$U_{op} = \frac{U_{k \cdot min}}{K_{rel}} \qquad (4\text{-}10)$$

式中　　K_{rel}——可靠系数,取 $1.1 \sim 1.2$。

图 4-14 所示,当同一条母线供有两路及以上线路时,其中一条线路发生短路故障时,母线处所设置电压保护装置均会启动,保护装置将失去选择性。另外,当电压互感器二次侧断线时,保护装置同样会误动作。为了避免上述情况发生,在电压速断的保护方案中,设计电流继电器进行电流值的测量从而实施对保护装置的闭锁。

图 4-15 所示为电流闭锁的电压速断保护原理接线图。当单条线路发生故障时,由于加入电流继电器 KA,则会判断出是哪一条线路故障,使保护的动作具有选择性。而当电压互感器的二次侧断线时,电流值并不增大,电流继电器 KA 不动作,因此保护装置不会误动作。保护装置中的电流继电器 KA 的动作电流按躲过线路最大负荷电流来整定。

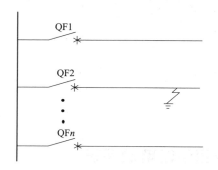

图 4-14　单母线供多条线路

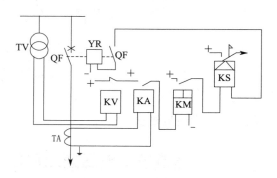

图 4-15　电流闭锁的电压速断保护原理接线图

二、低电压启动过电流保护

在电流闭锁的电压速断保护装置中,电流继电器 KA 的动作电流按照线路的最大负荷电流来整定的,当线路负荷电流较大时,保护的灵敏度并不高,为此可以采用低电压启动的过电流保护,来提高保护装置动作的灵敏度,该保护中过电流继电器和低电压继电器的动作构成逻辑与的关系,只有二者同时动作时,保护才会有动作信号输出。其原理接线与图 4-15 相同,但是电流继电器 KA 的动作电流不是按照线路的最大负荷电流来整定的,而是按线路的额定电流 I_N 来整定,计算如下:

$$I_{op \cdot k} = \frac{K_{rel} K_{ss} K_w}{K_i K_{re}} I_N \qquad (4\text{-}11)$$

式中　　K_{rel}——可靠系数,一般取 $1.15 \sim 1.25$;

K_{ss}——自启动系数,一般取 $1.5 \sim 3$;

K_w——接线系数;

K_i——电流互感器的变比;

K_{re}——返回系数;

I_N——线路的额定电流。

低电压继电器的整定原则是保证在正常工作情况下母线最低电压时,继电器能可靠地返回,其整定值按下式计算:

$$U_{op \cdot k} = \frac{U_{re}}{K_{re}K_u} = \frac{U_{w \cdot min}}{K_{rel}K_{re}K_u} = \frac{0.9U_N}{K_{rel}K_{re}K_u} \tag{4-12}$$

式中　K_{rel}——可靠系数,取 1.1~1.2;

　　　K_u——电压互感 TV 器的变比;

　　$U_{w \cdot min}$——母线最小工作残压,一般取 $0.9U_N$;

　　　U_N——被保护线路的额定电压;

　　　K_{re}——低电压继电器的返回系数,一般取 1.15~1.25。

在线路负荷电流较大的情况下,保护装置中的电流继电器可能会动作,常开接点闭合,但线路并无故障,此时母线电压比较高,低电压继电器其常闭接点处于断开状态,因此保护装置不会动作。

低电压启动过电流保护的灵敏系数为电流保护和低电压保护二者灵敏系数之积,因此,低电压启动过电流保护可以达到提高灵敏度的目的。

第六节　方向电流保护的基本原理

电力系统网络接线比较复杂,且通常有多路电源共同向电网供电,为了简化分析,可以把系统网络归纳为以下两种:即双侧电源的辐射网和单侧电源的环网,如图 4-16 所示。

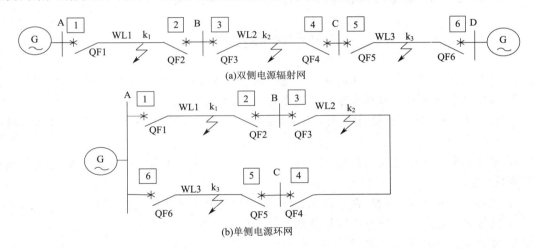

(a)双侧电源辐射网

(b)单侧电源环网

图 4-16　复杂电网保护示意图

如图 4-16 所示双侧电源辐射网和单侧电网电源的环网中,当线路 WL1 的 k_1 处发生短路故障时,短路功率是分别从两侧电源流向短路点 k_1,流经保护 1、2 的短路功率方向是由母线指向线路,流经保护 3 的短路功率是由线路指向母线,此时应由保护 1、2 动作,断路器 QF1、QF2 跳闸将故障切除,而保护 3 不动作,这样才能保证由 A、B、C、D 母线供电的其他线路仍正常运行。

当线路 WL2 的 k_2 点发生短路时,流经保护 2 的短路功率方向是由线路指向母线,而流过保护 3 和 4 的短路功率方向是由母线指向线路,此时应由保护 3、4 动作,断路器 QF3、QF4 跳闸,而保护 2 不动作,同样保证了供电的可靠性。

由上述分析可以看出,虽然保护 2、3 设置的距离很近,但只有当故障点的位置在各自的保护区内,短路功率的方向是由母线流向线路时,保护才应动作,反之不动作。故可以据此实现保护动作的选择性。为此,可以在线路的两端设置功率方向元件用于判断故障点是否在本保护区内。而短路功率的方向是依据母线电压和电流之间的相位角来作出判断,显然,采用一般的电流保护是无法实现保护 2 和 3 的选择性。

在过电流保护的基础上,加装一个功率方向判断元件——功率方向继电器,即可构成方向电流保护。功率方向继电器接入电压和电流两个物理量,通过判断二者之间相位关系,来确定短路功率流向,并且规定短路功率方向由母线指向线路为正方向,只有当线路中的短路功率方向与规定的正方向相同,功率方向继电器才动作,即当短路功率是由母线流向线路时,方向元件动作;反之当短路功率是由线路流向母线时,方向元件不会动作。

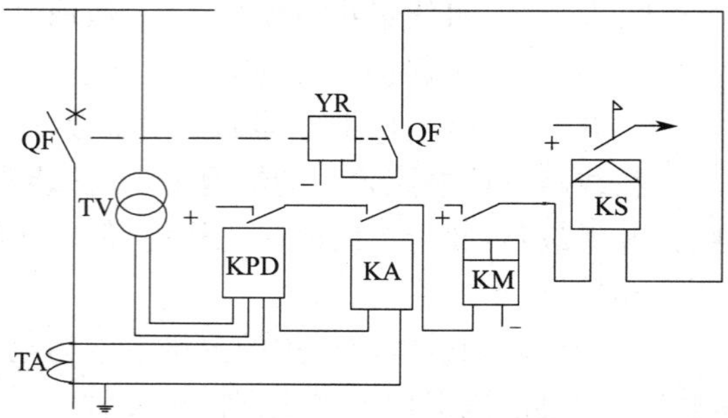

图 4-17　方向电流保护接线图

图 4-17 所示为方向电流保护原理接线图,其中功率方向继电器 KPD、电流继电器 KA 的接点串联,二者的动作构成逻辑与的关系,只有两个元件均动作时,保护才有动作信号输出。

由此,可以看出方向电流保护很好地解决了多电源供电网络的电流保护问题,保护的选择性好,有效地完成对双侧电源辐射网和环网供电线路的保护功能。

习题与思考题

1. 为什么要设置限时电流速断保护? 它的保护范围和动作电流是如何选择的?

2. 瞬时电流速断与限时电流速断相比各有什么特点?

3. 在图 4-9 中,断路器 QF1 跳闸,并指示Ⅱ段电流保护动作,请判断故障点的位置可能有几种情况?

4. 为什么要设定时限过电流保护? 其动作电流是根据什么原则确定的? 如何满足选择性的要求?

5. 说明三段式电流保护的保护范围、动作值和动作时间之间的配合关系。

6. 低压启动过电流保护与电流保护相比有什么优点?

7. 方向电流保护是如何实现方向判断的?

第五章 相间短路的距离保护

第一节 距离保护的基本原理

电流保护虽然简单可靠、经济,但对于 35 kV 及以上的结构复杂、运行方式变化较大的高压电网,特别是线路的阻抗值较大、短路电流较小而负荷电流较大的情况下,电流保护很难满足要求,因此必须设计更为完善的保护方式。

距离保护是目前高压输电线路保护的重要方式,并作为线路的主要保护广泛应用于35 kV及以上的高压电网中。我国电气化铁道牵引变电所110 kV、220 kV 电源进线及27.5 kV馈线都是以距离保护作为短路故障的主保护。

距离保护是反映测量阻抗下降而动作的保护,是欠值保护。测量阻抗值 Z_k 为测量电压 U_k 与测量电流 I_k 之比,即 $Z_k = \dfrac{U_k}{I_k}$。故保护装置需测量电流和电压两个电气量。当线路发生短路故障时,短路电流急剧增大、而电压降低,不难看出,Z_k 降低的程度相对于电压降低、电流增大的程度更加显著,因此距离保护比电流保护或电压保护的灵敏度更高,其他性能也更加完善。

距离保护的核心元件是阻抗继电器。阻抗继电器是通过输入电压值和电流值来获取阻抗的大小及相位角,图 5-1 及图 5-2 所示为阻抗继电器原理接线图,图中所示阻抗继电器 KZ 通过电流互感器 TA 和电压互感器 TV 接入电流 I_k 和电压 U_k,当线路发生短路故障时,阻抗继电器 KZ 所测量的阻抗迅速降低,阻抗继电器即刻动作。

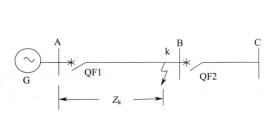

图 5-1　距离保护测量阻抗示意图

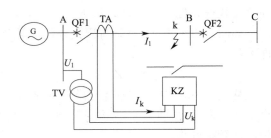

图 5-2　阻抗继电器原理接线图

阻抗继电器测量阻抗计算如下:

$$Z_k = \frac{U_k}{I_k} = \frac{\dfrac{U_1}{K_u}}{\dfrac{I_1}{K_i}} = \frac{U_1}{I_1} \times \frac{K_i}{K_u} = Z_1 l \times \frac{K_i}{K_u} \tag{5-1}$$

$$Z_k \propto l \tag{5-2}$$

式中　U_1、I_1——系统一次侧电压、电流;

　　　U_k、I_k——阻抗继电器测量电压、电流;

　　　K_u、K_i——电压、电流互感器的变比;

Z_1——单位线路的正序阻抗,Ω/km。

由式(5-1)可以看出,故障时阻抗继电器测量的阻抗 Z_k 与故障点到保护装置安装处这段线路的阻抗值成正比,而此阻抗值又与这段线路的距离 l 成正比,因此阻抗保护又称为距离保护。

阻抗继电器是带有方向性判断的元件,其测量阻抗 $Z_k=R+\mathrm{j}X$,可以在 R 与 $\mathrm{j}X$ 建立的复平面内进行矢量特性分析,以便对故障时所测量的阻抗值进行大小和方向的判断,具体分析方法详见本章第二节。

第二节　利用复数平面分析阻抗继电器

常用的阻抗继电器,其动作特性曲线在阻抗复数平面上分圆特性和四边形特性两种,即以圆周或四边形作为阻抗继电器的动作边界,若继电器测量阻抗落入边界内,继电器就动作,否则不动作。圆特性阻抗继电器又分为全圆特性阻抗继电器、方向阻抗继电器、偏移阻抗继电器,四边形阻抗继电器也有方向阻抗继电器和偏移阻抗继电器之分。

一、全阻抗继电器

全阻抗继电器的动作特性曲线是以坐标原点为圆心、以继电器的整定阻抗 $|Z_{set}|$ 为半径的圆,如图 5-3(a)所示,圆内为动作区,圆周为动作边界,圆外为非动作区。

当阻抗继电器测量阻抗 $|Z_k|$ 的绝对值小于整定阻抗 $|Z_{set}|$ 时,继电器就会动作,与测量阻抗的方向角 φ_k 无关,也就是说继电器动作无方向性。

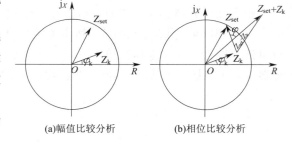

若测量阻抗 Z_k 正好落在圆周上,继电器正好动作,故圆周上的阻抗称为继电器的动作阻抗 $Z_{op.k}$。阻抗继电器动作的条件可以通过幅值比较或相位比较两种方法进行判断。

如图 5-3(a)所示,不难看出其幅值比较条件为:

$$|Z_k|\leqslant|Z_{set}| \tag{5-3}$$

(a)幅值比较分析　　　(b)相位比较分析

图 5-3　全圆特性阻抗继电器

从图 5-3(b)中可以看出,当测量阻抗 Z_k 落在圆内,$Z_{set}-Z_k$ 与 $Z_{set}+Z_k$ 两阻抗的夹角 φ 小于 $90°$;Z_k 落在圆周上,夹角 φ 等于 $90°$;Z_k 落在圆外时,夹角 φ 大于 $90°$,所以继电器动作的相位比较条件为:

$$-90°\leqslant\arg\frac{Z_{set}+Z_k}{Z_{set}-Z_k}\leqslant90° \tag{5-4}$$

为了在继电器电路中便于实现上述动作条件的比较,将式(5-3)两端、式(5-4)的分子分母同乘以 I_k,使其阻抗继电器测量值变为 I_k、U_k,于是得:

$$|U_k|\leqslant|I_kZ_{set}| \tag{5-5}$$

$$-90°\leqslant\arg\frac{I_kZ_{set}+U_k}{I_kZ_{set}-U_k}\leqslant90° \tag{5-6}$$

经过上述变换后,式中的 I_kZ_{set} 可以通过电抗变换器获得,只要将测量电流 I_k 输入到阻抗为 Z_{set} 的电抗变换器上,则可在其二次侧得到测量电压 I_kZ_{set},与继电器测量电压 U_k 比较,从而实现动作条件的判定。

二、方向阻抗继电器

由于全圆特性阻抗继电器的动作没有方向性,所以不能实现方向保护,若将其动作特性圆偏移到第一象限,这样就具有方向性,也就构成了方向阻抗继电器的特性曲线。

方向阻抗继电器的动作特性曲线是以整定阻抗$|Z_{set}|$为直径,动作特性曲线通过坐标原点的圆,圆心位于第一象限,保护动作区主要集中在第一象限,保护动作有方向性。

如图 5-4(a)所示,圆内为动作区,继电器的动作阻抗$Z_{op \cdot k}$随测量阻抗角φ_k的大小而改变。当φ_k等于整定阻抗的阻抗角φ_s时,动作阻抗$|Z_{op \cdot k}|$最大,即距离保护的范围最大,继电器动作最灵敏,φ_s就称为继电器的最大灵敏角。继电器动作的幅值比较条件为:

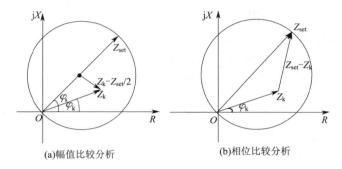

图 5-4　方向圆特性阻抗继电器

$$\left| Z_k - \frac{1}{2}Z_{set} \right| \leqslant \left| \frac{1}{2}Z_{set} \right| \tag{5-7}$$

由图 5-4(b)分析得出继电器的相位比较条件为:

$$-90° \leqslant \arg \frac{Z_k}{Z_{set} - Z_k} \leqslant 90° \tag{5-8}$$

同理可得,电压的幅值比较条件和相位比较条件分别为:

$$\left| U_k - \frac{1}{2}I_k Z_{set} \right| \leqslant \left| \frac{1}{2}I_k Z_{set} \right| \tag{5-9}$$

$$-90° \leqslant \arg \frac{U_k}{I_k Z_{set} - U_k} \leqslant 90° \tag{5-10}$$

在电源附近发生短路故障时,由于测量电压几乎为零,测量阻抗Z_k在方向阻抗继电器的动作边界上,继电器动作不可靠,所以方向阻抗继电器存在动作死区。

三、偏移阻抗继电器

为了克服方向阻抗继电器有动作死区的缺点,可以将方向阻抗继电器的动作特性曲线向第三象限偏移,如图 5-5 所示,使坐标原点落入动作圆内,就可以很好地解决方向阻抗继电器动作死区的问题。即是在电源附近发生短路故障时,继电器也能可靠动作,这样就构成了偏移阻抗继电器。

偏移阻抗继电器的动作特性曲线不经过原点,继电器没有动作死区,对应不同方向其动作阻抗不同,特别是在反方向有一定的动作区,可见偏移阻抗继电器没有完全的方向性。

图 5-5(a)所示偏移阻抗继电器在反方向的动作值,一般设置为Z_{set}的 5% ~ 20%,用$\alpha(\alpha < 1)$来表示,α 为偏移阻抗继电器的偏移量,则反方向偏移为$-\alpha Z_{set}$,其中圆半径$R = \frac{1}{2}(1+\alpha)Z_{set}$;$Z_0 = \frac{1}{2}(Z_{set} - \alpha Z_{set})$。

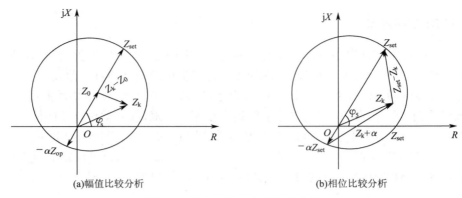

(a)幅值比较分析　　　　　　　　　(b)相位比较分析

图 5-5　偏移阻抗继电器特性分析

偏移阻抗继电器动作值 $Z_{op\cdot k}$ 在通过原点的直径上最大,此方向角为最大灵敏角 φ_s,使用时调节阻抗继电器 φ_s 与被保护线路的阻抗角相等或相近,使继电器动作最灵敏,偏移阻抗继电器动作的幅值比较条件为:

$$|Z_k - Z_0| \leqslant |\frac{1}{2}(1+\alpha)Z_{set}| \tag{5-11}$$

由图 5-5(b)分析,继电器动作的相位比较条件为:

$$-90° \leqslant \arg \frac{Z_k + \alpha Z_{set}}{Z_{set} - Z_k} \leqslant 90° \tag{5-12}$$

第三节　四边形阻抗继电器

一、四边形阻抗继电器的折线特性分析

常用的折线特性有两种:即两个边的折线阻抗特性和三个边的阻抗特性。

1. 两个边的折线阻抗特性

如图 5-6 所示,设阻抗 Z_1、Z_2 及 Z_3 三个相量为已知,构成以折线 ABC 为动作边界的阻抗特性,折线内侧(阴影部分)为动作区,外侧为非动作区,折点 B 为 Z_1,折线 BA、BC 分别平行于阻抗 Z_2、Z_3。Z_K 为继电器测量阻抗。连接 Z_1 与 Z_K,得到 $Z_1 - Z_K$,利用 $Z_1 - Z_K$、Z_2、Z_3 三个相量进行相位比较,即可构成上述折线特性。

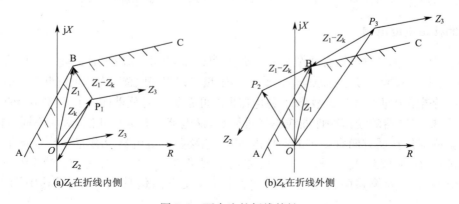

(a)Z_k 在折线内侧　　　　　　　　(b)Z_k 在折线外侧

图 5-6　两个边的折线特性

如图 5-6(a)所示,当继电器测量阻抗 Z_K 落于折线内侧 P_1 点时,继电器动作,此时 Z_1-Z_K、Z_2、Z_3 三相量中每相邻二相量的夹角小于 $180°$;

如图 5-6(b)所示,当继电器测量阻抗 Z_K 落于折线外侧 P_2 点或 P_3 时,此时 Z_1-Z_K、Z_2、Z_3 三相量中必有相邻二相量的夹角大于 $180°$;

当继电器测量阻抗 Z_K 落于折线上时,则 Z_1-Z_K 与 Z_3,或 Z_1-Z_K 与 Z_2 的夹角等于 $180°$。

由上述分析可以看出:折线特性可以利用比较相应两相邻阻抗量的夹角是否小于 $180°$ 的方法来确定。其中 Z_1-Z_K、Z_2、Z_3 统称为比相量,Z_1-Z_K 为差值比相量,Z_1 决定折点,Z_2、Z_3 为方向比相量,决定折线的方向。

根据上述规律,当折线一定时,可以写出构成此特性的比相量;反之,当比相量已知时,可以绘出所构成的折线特性。

2. 三个边的折线阻抗特性

如图 5-7(a)所示的折线特性 COAB,两个折点为 O 点 A 点,两个差值比相量为 $-K_1Z_k$ 和 $Z_1-K_1Z_k$,其中 AB 平行于 CO 边,即平行于方向比相量 Z_3。在测量阻抗 Z_k 前引入比例系数 K_1 的目的,是为了整定 AB 边上的动作阻抗,K_1 小于 1。

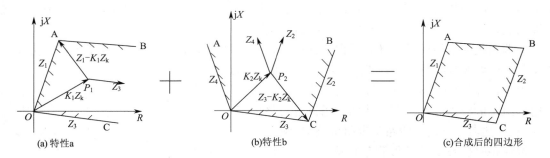

(a) 特性a　　　　　　　(b)特性b　　　　　　　(c)合成后的四边形

图 5-7　两组三折线特性合成四边形

图 5-7(b)所示折线特性中,差值比相量为 $Z_3-K_2Z_k$、$-K_2Z_k$,而 Z_2、Z_4 为方向比相量。

三折线相量比较方法与二折线相同。如果比较的结果是测量阻抗分别都落入两组折线以内,则可以判断测量阻抗落入图 5-7(c)的四边形 ABCO 中。

二、四边形阻抗继电器的构成

四边形阻抗继电器的构成方法有两种:

(1)直接定点法:即由四个差值比相量直接构成四边形的四个折点。

(2)折线合成法:即由两组折线特性合成。

图 5-7 四边形所示即为折线合成法构成的阻抗继电器的动作特性,两组阻抗比相量为 $Z_1-K_1Z_k$、$-K_1Z_k$、Z_3 与 $Z_3-K_2Z_k$、Z_2、Z_4 和 $-KZ_k$。为了方便进行相位比较,和圆特性类似,将两组阻抗比相量均乘以阻抗继电器流入的电流 I_k,得到下述两组电压比相量:

第一组:
$$
\begin{cases}
U_1 = I_k Z_1 - K_1 U_k \\
U_2 = -K_1 U_k \\
U_3 = I_k Z_3
\end{cases}
$$

第二组:
$$
\begin{cases}
U_4 = I_k Z_3 - K_2 U_k \\
U_5 = I_k Z_2 \\
U_6 = I_k Z_4 \\
U_7 = -K U_k
\end{cases}
$$

其中 U_k 即继电器测量的电压,可以从电压互感器的二次侧获得,K_1、K_2、K 为电压变换器的变换系数,K_1、K_2 可调,K 固定,I_kZ_1、I_kZ_2、I_kZ_3、I_kZ_4 均可以从电抗变换器的二次侧获得,Z_1、Z_2、Z_3、Z_4 为电抗变换器的变换系数,它们的阻值及相位角均可以根据需要通过调整电抗变换器的阻抗获得。阻抗继电器的动作条件是 $U_1 \sim U_3$ 及 $U_4 \sim U_7$ 中各相邻电压的夹角小于 $180°$。

当继电器获取以上两组电压比相量后,分别输入电压相位比较电路,其原理是比较相邻电压在时间轴上的半波是否连续,当满足 $U_1 \sim U_3$ 及 $U_4 \sim U_7$ 中各相邻电压的夹角小于 $180°$ 时,它们的波形在时间轴上是半波连续的,继电器动作;否则,继电器不动作。

当电源附近发生短路故障时,图示 5-7(c) 中四边形特性存在动作死区,因此实际应用中应把四边形向第三象限移动,把原点包括在动作区内。得到图 5-8 所示偏移四边形特性 ABCD。

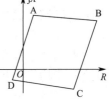

图 5-8　偏移四边形特性

三、四边形阻抗继电器的整定

以图 5-7(c) 四边形阻抗继电器为例,阻抗 Z_1 决定了四边形的左边界 OA 的高度,Z_3 决定了下边界 OC 的宽度,在四边形阻抗继电器的制作过程中,Z_1、Z_3 均已确定,因此四边形的边界即已确定,即四边形阻抗继电器的动作边界是确定的。

所谓阻抗继电器的整定就是根据被保护线路的有关条件确定电压变换器的变换系数 K_1、K_2,使继电器的测量阻抗乘以此变换系数后,落入四边形的边界内,如图 5-9 所示,与圆特性阻抗继电器所不同的是四边形阻抗继电器分别按照下述两个条件进行整定。

（1）上边界 AB 边按线路整定阻抗整定,确定系数 K_1

按线路阻抗整定计算得到整定值 $Z_{op \cdot AB} \angle 65°$（牵引网线路阻抗角一般为 $65°$）,$Z_{op \cdot AB}$ 的值比较大,落在四边形外,通过系数 K_1 的调整,使 $K_1Z_{op \cdot AB}$ 正好落在四边形 AB 边界上,从而得到边界动作值,即测量阻抗小于 $Z_{op \cdot AB}$ 时,继电器动作。

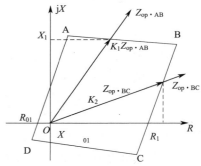

图 5-9　四边形阻抗继电器的整定

（2）右边界 BC 边按负荷阻抗整定,确定系数 K_2

按负荷阻抗整定计算得到整定值 $Z_{op \cdot BC} \angle 37°$（牵引机车负荷阻抗角一般为 $37°$）,此值同样比较大,落在四边形外,通过系数 K_2 的调整,使 $K_2Z_{op \cdot BC}$ 正好落在四边形 BC 边界上,即测量阻抗小于 $Z_{op \cdot BC}$ 时,继电器动作。

四、四边形阻抗继电器的特点

圆特性阻抗继电器在线路保护中虽然具有较高的灵敏度,但对于负荷阻抗较大的电气化铁道牵引网线路,则灵敏度较低,无法满足技术要求。

而四边形阻抗继电器的动作条件是由上边界和右边界确定的,其动作边界的整定互不限制,可以根据现场的具体需要灵活设计,并分别进行整定计算,这样既可以在短路故障时有较高的灵敏度,又可以防止在重负荷形成的最小负荷阻抗时误动作。

另外,在短路故障中,许多情况下短路点并不是纯金属性接地,而是通过其他物体间接接地的,这样就会在短路点产生过渡电阻 R_{tr}（transition resistance）,过渡电阻往往会影响继电器的动作情况。

图 5-10 所示两图进行比较可以看出,在圆特性动作曲线上,由于过渡电阻 R_{tr} 的影响,使得测量阻抗 Z_k 落在动作区外,造成继电器拒动;而在四边形特性动作曲线上,动作区覆盖过渡电阻,继电器可靠动作,不会拒动,所以四边形阻抗继电器躲过渡电阻的能力比较强。

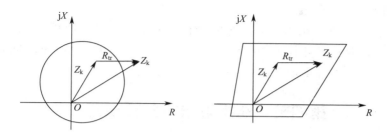

图 5-10　圆特性与四边形特性躲过渡电阻性能比较

另外,由于其折线构成的特性,四边形阻抗继电器在电压互感器二次侧断线时,阻抗继电器的测量电压为零,比相量在时间轴上已不连续,继电器不会误动,故不需要再设置断线闭锁装置。

四边形阻抗继电器的缺点是复合电压比较多,电路复杂,调整工作量大。

总之,四边形阻抗继电器在应用上具有整定灵活,适应性强的特点,因此在输电线路的距离保护中得以广泛地运用,目前在电气化牵引变电所的馈线保护中采用了四边形特性阻抗继电器距离保护,并结合自适应控制理论,使得继电器的适应性能更加完善、灵活、可靠。

五、阻抗继电器的精确工作电流

阻抗继电器的动作特性 $Z_{op\cdot k}$ 在理想条件下是常数,与流入继电器的电流 I_k 的大小无关。但是继电器的执行元件在动作时是需要动作功率的,只有当动作电压大于制动电压时,二者之差足以克服动作时的阻力矩,继电器才能动作。而继电器的动作电压又与流入继电器的电流有关,因此实际临界动作条件下 $Z_{op\cdot k}$ 与短路电流 I_k 的大小有关,即 $Z_{op\cdot k}=f(I_k)$,其关系图绘制如下:

由图 5-11 可见,当 I_k 较小时,动作值 $Z_{op\cdot k}$ 比整定阻抗 Z_{set} 明显减小,即实际的保护范围将比整定范围小,这将影响到与它相邻的保护的配合,而造成非选择性保护动作。

每个阻抗继电器都有它实际的 $Z_{op\cdot k}=f(I_k)$ 曲线,为了把动作阻抗 $Z_{op\cdot k}$ 与整定阻抗的差距限制在一定的范围内,规定了精确工作电流这项指标。

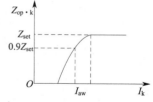

图 5-11　$Z_{op\cdot k}=f(I_k)$ 的关系图

所谓精确工作电流是指继电器的动作阻抗与整定阻抗之间的差距等于整定阻抗的 10%(即 $Z_{op\cdot k}=0.9Z_{set}$)时,加入阻抗继电器的电流,并记作 I_{aw}。只要加入继电器的电流大于 I_{aw},则阻抗继电器的动作误差就会控制在 10% 以内。

精确工作电流 I_{aw} 是阻抗继电器极为重要的工作参数,在应用时,要求被保护线路末端短路时,接入继电器的电流为精确工作电流的 1.5 倍,这样确保继电器的动作误差不会太大。

六、小　　结

1. 测量阻抗 Z_k:加入继电器的电压 U_k 与电流 I_k 之比,阻抗角 $\varphi_k=\arg\dfrac{U_k}{I_k}$。

2. 整定阻抗 Z_{set}：对于全阻抗继电器，就是动作特性圆的半径；对于方向阻抗继电器 Z_{set} 是在最大灵敏角方向上圆的直径；而偏移特性阻抗继电器 Z_{set} 是在最大灵敏角方向上由原点到圆周的长度。

3. 四边形特性阻抗继电器的上边界和右边界分别整定，既可以保证有较高的灵敏度，又可以可靠地躲过最小负荷阻抗。

4. 动作阻抗 $Z_{op \cdot k}$：它表示当继电器刚好动作时，加入继电器的电压 U_k 和电流 I_k 的比值。对方向阻抗继电器、偏移方向阻抗继电器而言，$Z_{op \cdot k}$ 的大小随阻抗角 φ_k 的不同而改变，当 $\varphi_k = \varphi_s$ 时，$Z_{op \cdot k} = Z_{set}$，此时动作值最大，继电器动作最灵敏。

第四节　阻抗继电器的接线方式

所谓阻抗继电器的接线方式，就是阻抗继电器通过电流互感器、电压互感器与电网的连接方式。为了保证阻抗继电器动作的灵敏性，阻抗继电器在接线时，应保证在保护范围内出现故障时，继电器能正确可靠地动作，并且有较高的灵敏度。因此阻抗继电器的接线方式必须满足以下条件：

1. 继电器测量阻抗 Z_k 应正比于短路点到保护装置安装处的距离，而与运行方式无关。

2. 如果继电器保护不同类型的故障，则继电器的测量阻抗应与这些故障类型无关，即继电器的保护范围不随这些故障的类型不同而变化。

为了满足上述要求，通常采用 0°接线方式。所谓 0°接线方式就是当功率因数为 1 时，接入继电器的电压和电流之间的相位差为 0°。常采用的 0°接线是接入线电压和两相电流差的接线方式，如图 5-12、图 5-13 及表 5-1 所示。

表 5-1　0°接线方式下的阻抗继电器接入电压、电流量

继电器编号	KZ1	KZ2	KZ3
电流	$\dot{I}_u - \dot{I}_v$	$\dot{I}_v - \dot{I}_w$	$\dot{I}_w - \dot{I}_u$
电压	$\dot{U}_{uv}$	$\dot{U}_{vw}$	$\dot{U}_{wu}$

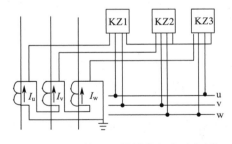

图 5-12　阻抗继电器接线方式示意图

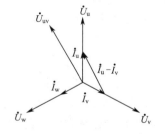

图 5-13　相量图

0°接线方式下，在同一地点发生各种类型的短路故障时，至少有一个阻抗继电器能可靠动作，保护装置能正确反映各种相间故障，能够满足上述保护的要求。

第五节　距离保护的整定计算与校验

高压线路的保护一般多采用三段式距离保护，其工作原理与三段式的电流保护设计理念基本相同，不同的是电流保护的测量元件为电流继电器、而距离保护则采用阻抗继电器。

三段式距离保护中，各段的保护范围和动作时间如图 5-14 所示，图中距离保护Ⅰ段的保

护范围 l_1^{I} 为本线路 l_{AB} 的 $80\%\sim85\%$，其动作不延时，为保护固有动作时间 t_1^{I}；距离保护Ⅱ段的保护范围 l_1^{II} 为本线路全长，并延伸到下一段线路，为了保证动作的选择性，与下一段线路的Ⅰ段配合，动作时间 t_1^{II} 增加一个时间级差 Δt，Δt 取 $0.5\ \mathrm{s}$；距离保护Ⅲ段的保护范围 l_1^{III} 延伸到下一段线路的末端，其动作时间 t_1^{III} 比下一段线路的Ⅲ段保护动作时间大 $0.5\ \mathrm{s}$。

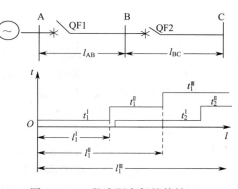

图 5-14　三段式距离保护特性

在实际应用中并不是所有的线路保护都要设计三段式距离保护，在我国电气化铁道供电系统中，复线供电区段多采用两段式距离保护作为牵引网的保护。

距离保护的整定计算就是确定各段保护中的阻抗继电器的动作值，并计算各段保护的动作时间，校验保护的灵敏系数。

在整定计算之前，需对被保护现场的相关数据进行收集整理，如线路的单位阻抗值、线路的长度、线路的负荷情况，如最低工作电压和最大负荷电流，最小负荷阻抗和负荷阻抗角等。而且对保护的核心元件阻抗继电器的特性、动作阻抗整定方法、精工电流等也应该了解。现以方向圆特性阻抗继电器为例进行整定计算如下：

1. Ⅰ段距离保护的整定与校验

选取方向圆特性阻抗继电器的最大灵敏角 φ_{s} 为线路阻抗角 φ_{k}，使继电器在短路故障时，动作最灵敏。

（1）动作阻抗的整定

Ⅰ段阻抗保护应躲过下一段线路的起始点，其保护范围只有本线路 AB 段的 $80\%\sim85\%$，动作时间采用瞬时动作。

$$Z_{\mathrm{op}}^{\mathrm{I}}=K_{\mathrm{rel}}^{\mathrm{I}}Z_1 l_{\mathrm{AB}} \tag{5-13}$$

式中　$K_{\mathrm{rel}}^{\mathrm{I}}$——Ⅰ段保护的可靠系数，取 $0.8\sim0.85$；

　　　Z_1——线路每公里的正序阻抗，Ω/km。

（2）动作时间的整定：$t_{\mathrm{op}\cdot1}^{\mathrm{I}}=0$

2. Ⅱ段距离保护的整定与校验

（1）动作阻抗的整定：Ⅱ段的一次整定阻抗与下一段线路 BC 段保护 2 的Ⅰ段配合，即躲开相邻保护Ⅰ段保护范围末端的短路故障。即：

$$Z_{\mathrm{op}}^{\mathrm{II}}=K_{\mathrm{rel}}^{\mathrm{II}}(Z_1 l_{\mathrm{AB}}+Z_{\mathrm{op}\cdot2}^{\mathrm{I}}) \tag{5-14}$$

式中　$K_{\mathrm{rel}}^{\mathrm{II}}$——Ⅱ段保护的可靠系数，取 0.8；

　　$Z_{\mathrm{op}\cdot2}^{\mathrm{I}}$——保护装置 2 的Ⅰ段一次整定阻抗。

（2）动作时间的整定

$$t_{\mathrm{op}\cdot1}^{\mathrm{II}}=t_{\mathrm{op}\cdot2}^{\mathrm{I}}+\Delta t \tag{5-15}$$

（3）灵敏度校验

$$K_{\mathrm{s}}^{\mathrm{II}}=\frac{Z_{\mathrm{OP}}^{\mathrm{II}}}{Z_1 l_{\mathrm{AB}}}\geqslant1.25 \tag{5-16}$$

3. Ⅲ段距离保护的整定与校验

Ⅲ段距离保护主要是作为本段线路及下一段线路的后备保护，因此要求其动作值比较小，保护范围比较大，故动作阻抗不以线路阻抗为整定依据，而是按躲过被保护线路的最小负荷阻抗的原则来整定。首先计算线路的最小负荷阻抗：

$$Z_{\mathrm{L \cdot min}} = \frac{U_{\mathrm{w \cdot min}}}{\sqrt{3} I_{\mathrm{L \cdot max}}} \qquad (5\text{-}17)$$

式中　$U_{\mathrm{w \cdot min}}$——保护安装处母线最小工作电压；

　　　$I_{\mathrm{L \cdot max}}$——被保护线路的最大负荷电流。

　　(1)Ⅲ段保护动作阻抗的整定

$$Z_{\mathrm{op}}^{\text{Ⅲ}} = \frac{Z_{\mathrm{L \cdot min}}}{K_{\mathrm{rel}} K_{\mathrm{re}} K_{\mathrm{ss}} \cos(\varphi_{\mathrm{s}} - \varphi_{\mathrm{L}})} \qquad (5\text{-}18)$$

式中　K_{rel}——Ⅲ段动作的可靠系数；

　　　K_{re}——阻抗继电器的返回系数，取 1.15～1.25；

　　　K_{ss}——电动机的自启动系数，取 1.5～3；

　　　φ_{s}——继电器的灵敏角；

　　　φ_{L}——被保护线路的负荷阻抗角。

　　(2)动作时间的整定

$$t_{\mathrm{op \cdot 1}}^{\text{Ⅲ}} = t_{\mathrm{op \cdot 2}}^{\text{Ⅲ}} + \Delta t \qquad (5\text{-}19)$$

以上三段距离保护整定计算的结果按公式(5-20)转换到电压、电流互感器的二次侧，即阻抗继电器一侧，并根据不同阻抗继电器的特性进行整定调试。

$$Z_{\mathrm{op \cdot k}} = Z_{\mathrm{op}} \frac{K_{\mathrm{i}}}{K_{\mathrm{u}}} \qquad (5\text{-}20)$$

其中 K_{i}、K_{u} 为保护装置接入电流、电压互感器的变比。

第六节　影响距离保护正确动作的因素及防止方法

阻抗继电器测量阻抗的准确性直接影响到距离保护动作的可靠性，而测量阻抗主要受以下因素影响：

1. 短路点的过渡电阻；

2. 电力系统振荡；

3. 保护安装处与故障点之间有分支电路；

4. 电流、电压互感器的误差；

5. 电压互感器二次回路断线；

6. 串联补偿电容。

本节着重讨论 1、2、5 三种因素的影响及保护装置应采取的相应措施。

一、短路点过渡电阻的影响及相应措施

1. 过渡电阻的影响

短路故障往往是非金属性的短路，如图 5-15 所示，在故障点存在过渡电阻 R_{tr}，此电阻值使测量阻抗变大，超出保护的动作值而导致保护装置拒动，故应针对过渡电阻的影响采取相应的措施。

过渡电阻是一种瞬间状态的电阻，即当电器设备发生相间短路或相对地短路时，短路电流从一相流到另一相或从一相流入接地部位的途径所通过的电阻。

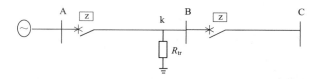

图 5-15　过渡电阻示意图

相间短路故障时,过渡电阻主要是电弧电阻。接地短路时,过渡电阻主要是杆塔及其接地电阻,一旦故障消失,过渡电阻也随之消失。过渡电阻是一种暂态量,短路点存在过渡电阻,使距离保护的测量阻抗增大而拒动。

一般而言,阻抗继电器动作特性在 R 轴正方向上所占面积越大,受过渡电阻的影响就越小。

2.减小过渡电阻影响的措施

(1)在保护范围不变的前提下,在 R 与 jX 建立的复平面内,采用动作特性在 $+R$ 轴方向上有较大面积的阻抗继电器,例如四边形特性阻抗继电器等。

(2)采用瞬时测量装置

所谓瞬时测量就是把距离元件的最初动作状态通过启动元件的动作固定下来。因为在短路瞬间未形成电弧,电弧电阻近似为零,当电弧拉长而电阻增大时,距离元件不会因为电弧电阻的增大而返回,仍能以预定的动作时限跳闸。理论分析认为,过渡电阻的大小可用下式表示:

$$R_{tr} \propto \frac{l_g}{I_g} \qquad (5\text{-}21)$$

式中　l_g——电弧长度;

　　　I_g——电弧电流。

短路初瞬,l_g 较小,I_g 较大(有非周期分量),所以 R_{tr} 很小;0.1~0.15 s 后,l_g 拉长,I_g 减小(非周期分量衰减),所以 R_{tr} 增大。

对于距离保护Ⅰ段:上述动作时间小于 40 ms,此时 R_{tr} 还比较小,可以忽略不计;距离保护Ⅱ段:动作时间为 0.5 s 或更长,应采取措施。而对于距离保护Ⅲ段,因动作阻抗较大,采用的特性圆相对较大,所以过渡电阻的影响较小。

二、振荡闭锁装置

电力系统正常运行时,发电厂原动机供给发电机的功率总是等于发电机送给系统供负荷消耗的功率。当电力系统受到扰动,使上述功率平衡关系受到破坏时,电力系统应能自动地恢复到原来的运行状态,或者凭借控制设备的作用过渡到新的功率平衡状态运行,即谓电力系统稳定。

电力系统的各点电压和电流均作往复摆动,系统各电源可能失去同步,系统的任何一点电流与电压之间的相位角都周期性的变化、频率下降等、我们通常把这种现象叫电力系统振荡。

在以下几点假设的基础上,讨论振荡电流的变化规律。如图 5-16 所示,假设:

①全相振荡时,系统三相对称,故可只取一相分析;

②两侧电源电势 E_M 和 E_N 数值相等,相角差为 $\delta(0° < \delta < 360°)$;

③系统中各元件阻抗角均相等;

④不考虑负荷电流的影响,不考虑振荡同时发生短路。

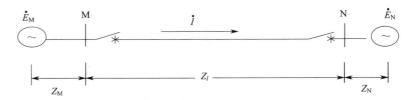

图 5-16　双侧电源网络示意图

振荡电流：
$$\dot{I}=\frac{\dot{E}_{\mathrm{M}}-\dot{E}_{\mathrm{N}}}{Z_{\mathrm{M}}+Z_{l}+Z_{\mathrm{N}}}=\frac{\dot{E}_{\mathrm{M}}(1-\mathrm{e}^{\mathrm{j}\delta})}{Z_{\Sigma}}=\frac{2\dot{E}_{\mathrm{M}}}{Z_{\Sigma}}\sin\frac{\delta}{2} \tag{5-22}$$

运行经验得知：由于电力系统各电源的相互制约，振荡现象能够在较短的时间内自动消除，即系统自动恢复到同步状态，因此在此情况下不允许保护装置动作。

但是当被保护电力系统振荡时，由于各电源之间会产生较大的环流，某些区段的电压将会严重下降，这样就使得阻抗继电器测量阻抗下降而导致误动作，因此必须采用振荡闭锁装置，并且必须满足以下基本要求：

①当系统只发生振荡而无故障时，应可靠闭锁保护；

②当保护区外故障而引起系统振荡时，应可靠闭锁保护；

③保护区内故障，不论系统是否振荡，都不应闭锁保护。

要满足上述基本要求，振荡闭锁装置首先要解决的问题是振荡与短路的区别：电力系统振荡时系统各点电压和电流值均作往复摆动，电流、电压值的变化速度较慢，三相完全对称，没有负序分量，振荡时系统任何一点电流与电压之间的相位角随功率因数角的变化而改变；而短路时电流、电压值是突变的，二者之间的相位基本不变，但会出现负序分量。

根据以上分析，目前振荡闭锁装置主要采用两种工作原理：①利用短路时出现负序分量而振荡时无负序分量的原理；②利用振荡和短路时电气量变化速度不同的原理。

负序电流启动的振荡闭锁装置就是利用故障时的负序分量来作为阻抗继电器的启动条件从而实现振荡闭锁的功能，振荡闭锁装置的执行继电器通常采用常开接点，并与阻抗继电器的动作信号回路串联，闭锁装置工作原理的框图如图 5-17 所示。

图 5-17　负序电流启动振荡闭锁装置原理框图

装置工作原理：当电力系统发生短路故障时，由负序电流滤序器滤出负序分量，产生动作分量，该动作值经过五次谐波滤序器，与动作值进行比较，大于动作值时，则发信号给执行元件，其常开接点闭合，闭锁装置动作，将阻抗继电器闭锁。

而当电力系统发生振荡时，由于系统中无负序分量，但基波为正序时，五次谐波为负序，经五次谐波滤序器滤掉，保证闭锁装置不动作，将阻抗继电器的闭锁信号解除，使阻抗继电器正常动作。

三、断线闭锁装置

所谓断线就是电压互感器的二次侧由于短路故障造成熔断器熔丝熔断，或由于误操作、螺丝松动，接触不良等原因造成电压回路失压，在此情况下，断线闭锁装置的作用就是将阻抗继电器闭锁，防止其误动作。

断线闭锁的方法很多，常用的是利用电压互感器二次侧回路断线或接地所形成的零序电压来实现闭锁作用。

图 5-18 所示是利用零序电压磁平衡原理,采用瞬动快速动作的电磁式继电器构成的断线闭锁继电器。图中闭锁继电器 KBL 有两个线圈 W_1 和 W_2,其中 W_1 与电容 C_u、C_v、C_w 组成零序电压滤序器;W_2 接电压互感器二次侧开口三角形的输出端子上。工作原理如下:

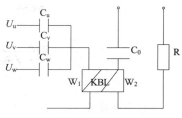

图 5-18　零序电压磁平衡原理
断线闭锁装置

1. 当被保护线路发生相间短路故障时,因为无零序分量产生,所以电压互感器二次侧亦无零序分量,W_1 和 W_2 两端无零序电压;适当选择线圈匝数及其有关参数,可使得 W_1 和 W_2 两线圈产生的磁势大小相等,方向相反,KBL 中的合成磁通为零,KBL 不动作,保护装置不会被闭锁。

2. 当电压互感器的二次侧断线或接地时,接于滤序器的二次侧电压 U_u、U_v、U_w 不再对称,W_1 两端有零序电压输入,但此时线路无故障,开口三角形侧仍对称,W_2 两端无零序电压输入,此时 KBL 动作,将保护装置闭锁。

习题与思考题

1. 何谓阻抗继电器的测量阻抗 Z_k、整定阻抗 Z_{set}、动作阻抗 $Z_{op.k}$? 它们之间有何关系?

2. 全阻抗继电器、方向阻抗继电器、偏移阻抗继电器在动作特性上有何不同?

3. 阻抗继电器的接线方式要满足哪些要求?

4. 比较三段式距离保护与三段式电流保护有何异同点?

5. 什么是精工电流? 其大小对阻抗继电器的动作有何影响?

6. 说明振荡闭锁装置的工作原理。

7. 断线闭锁装置的作用是什么? 是如何判断断线的? 以图 5-18 为例说明断线闭锁装置的工作原理。

第六章 电网的接地保护

电力系统电源的中性点运行方式有 3 种:中性点不接地,中性点经消弧线圈接地,中性点直接接地。前两者称为小接地电流系统,后者称为大接地电流系统。

我国 110 kV 以上电压等级的电网属于大接地电流系统,在此系统中,当线路发生接地故障时,通过变压器中性点构成短路通路,故障相流过很大的短路电流。实践表明单相或两相的接地故障中,单相接地故障占 60%~70%。当发生接地短路时,会产生零序电流、零序电压,根据这一特点,目前广泛采用了零序电流保护和零序方向电流保护。

零序电流保护有着显著的优点,主要是:①结构与工作原理简单,可靠性高。②整套保护中间环节少,特别是对于近处故障,可以实现快速动作,避免故障的蔓延。③在电网的零序网络基本保持稳定的条件下,保护范围比较稳定。

因此,零序电流保护不仅作为电网简单而有效的接地保护,而且在变压器保护中也广泛应用。

第一节 零序分量的基本概念

一、零序分量的产生

大接地电流系统中,当系统出现不对称运行,如接地故障、单相重合闸过程中的两相运行、变压器三相参数不同、空投变压器时产生的不平衡励磁涌流等情况,系统都会产生零序电流、零序电压。

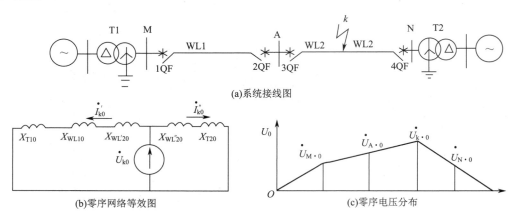

(a)系统接线图

(b)零序网络等效图

(c)零序电压分布

图 6-1 单相接地时的零序分量

图 6-1(a)为双侧电源供电的系统接线图,(b)为 WL2 线路 k 点发生接地短路故障时的零序等效电路图。由于零序电压是由三相不对称形成的,不对称程度越高,零序电压越高,当线路在 k 点发生接地短路故障时,故障点三相最不对称,因此 k 点产生的零序电压 $\dot{U}_{k \cdot 0}$ 也就最

高,在母线 M、N、A 处的零序电压分别是 $\dot{U}_{\mathrm{M}\cdot0}$、$\dot{U}_{\mathrm{N}\cdot0}$、$\dot{U}_{\mathrm{A}\cdot0}$,零序电压在系统中的分布如图 6-1(c)所示。

$$\dot{U}_{\mathrm{k}\cdot0}=-\dot{I}'_{\mathrm{k}\cdot0}(X_{\mathrm{WL10}}+X'_{\mathrm{WL20}}+X_{\mathrm{T10}})=-\dot{I}''_{\mathrm{k}\cdot0}(X''_{\mathrm{WL20}}+X_{\mathrm{T20}})$$

$$\dot{U}_{\mathrm{M}\cdot0}=-\dot{I}'_{\mathrm{k}\cdot0}X_{\mathrm{T10}}$$

$$\dot{U}_{\mathrm{N}\cdot0}=-\dot{I}''_{\mathrm{k}\cdot0}X_{\mathrm{T20}}$$

式中　X_{WL10}、X'_{WL20}——故障点左侧两段线路在零序网络中的零序阻抗;

　　　　X''_{WL20}——故障点右侧两段线路在零序网络中的零序阻抗;

　　　　X_{T10}、X_{T20}——两侧变压器的零序阻抗。

零序电流的大小取决于等效电路中线路以及变压器的零序阻抗,当短路点越远时,线路的零序阻抗越大,零序电流就会越小,由于线路的零序阻抗通常大于 3 倍的正序阻抗,因此随着短路点的距离的变化,零序电流的变化陡度比正序电流大。

零序电流与零序电压形成零序功率,其大小计算如下:

$$P_0=U_{\mathrm{k0}}I'_{\mathrm{k0}}\cos(180°-\varphi_{\mathrm{k0}})$$

式中　φ_{k0}——零序阻抗角。

零序功率为负值,表明零序功率的流向是由线路经保护装置流向母线的,当保护装置的反方向发生故障时,零序功率的方向也相反,根据此特点可以构成零序方向电流保护。

二、零序分量特点

1. 故障点的零序电压最高,离故障点越远,零序电压越低。变压器中性点接地处的零序电压为零。

2. 零序电流的分布与变压器中性点的多少和位置有关。

3. 零序电流的方向是由线路流向母线为正方向;零序电压的方向是线路高于大地为正方向;零序功率是故障点最高,方向由线路流向母线。

4. 接地故障时,零序电压与零序电流之间的相位差与变压器及有关支路的零序阻抗角有关,与被保护线路的阻抗和故障点的位置无关,一般为 $70°\sim85°$。

三、零序分量滤过器

为了利用零序分量构成各种零序保护,首先就要将零序分量过滤出来,能够过滤出零序分量的装置称为零序分量滤过器。零序分量滤过器有零序电流滤过器和零序电压滤过器。

1. 零序电流滤过器

如图 6-2 所示,采用三个电流互感器并接方式,则流入电流继电器中的电流为:

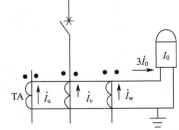

$$\dot{I}_{\mathrm{k}}=\dot{I}_{\mathrm{u}}+\dot{I}_{\mathrm{v}}+\dot{I}_{\mathrm{w}}=3\dot{I}_0 \tag{6-1}$$

实际使用中,将电流互感器装设在线路的中性线上,也可以构成零序电流滤过器。

图 6-2　零序电流滤过器

对于采用电缆引出的输电线路,还广泛采用零序电流互感器接线以获得 $3\dot{I}_0$,如图 6-3 所示。它和零序电流滤过器相比接线更简单。

　　在正常运行和相间短路时,零序电流滤过器存在不平衡电流,因此在整定计算时零序电流保护应躲过此不平衡电流。

　　2. 零序电压滤过器

　　如图 6-4 所示,零序电压的获得通常采用三个单相电压互感器和三相五柱式电压互感器。当发生接地故障时,从 mn 端子上得到的输出电压为 3 倍的零序电压,并输入给电压继电器,即

$$\dot{U}_\mathrm{k}=\dot{U}_\mathrm{mn}=\dot{U}_\mathrm{u}+\dot{U}_\mathrm{v}+\dot{U}_\mathrm{w}=3\dot{U}_0 \tag{6-2}$$

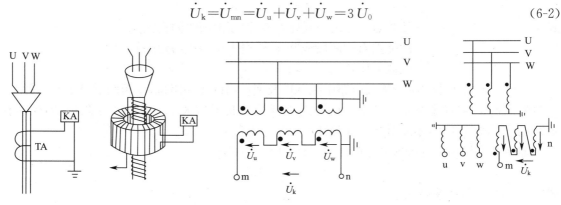

　　图 6-3　零序电流互感器　　　　　　　　图 6-4　零序电压滤过器的接线图

　　正常运行和电网相间短路时,理想输出 $U_\mathrm{k}=0$。实际上由于电压互感器的误差及三相系统对地不完全平衡,在开口三角形侧也有电压输出,此电压称为不平衡电压,用 U_un 表示,即 $U_\mathrm{k}=U_\mathrm{un}$。

第二节　三段式零序电流保护的原理

　　电力线路电网发生接地短路故障时,会产生零序电流,因此根据此特点设置电力线路的接地保护,即零序电流保护。

　　零序电流保护是反映零序电流增大而动作的保护,与电流保护相似,零序电流保护在应用中为三段式,其原理接线图如图 6-5 所示。

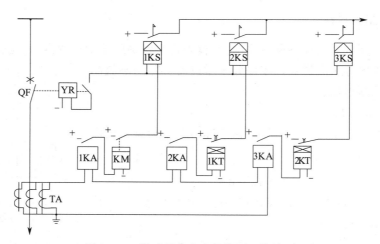

图 6-5　三段式零序电流保护原理接线图

一、瞬时零序电流速断保护（零序Ⅰ段）

1. 动作电流：零序电流速断保护的动作电流整定原则按下述两个条件进行整定。

(1)躲开下一条线路出口处单相接地或两相接地短路时可能出现的最大零序电流 $3I_{0 \cdot \max}$，即：

$$I_{0 \cdot op}^{\mathrm{I}} = K_{\mathrm{rel}}^{\mathrm{I}} \cdot 3I_{0 \cdot \max} \tag{6-3}$$

式中　$I_{0 \cdot \max}$——单相接地短路时 $I_0^{(1)}$ 和两相接地短路时 $I_0^{(1,1)}$ 二者之间最大值；

　　　$K_{\mathrm{rel}}^{\mathrm{I}}$——可靠系数，取 $1.25 \sim 1.3$。

(2)躲过断路器三相触头不同期合闸时出现的零序电流 $3I_{0 \cdot \mathrm{ns}}$，即：

$$I_{0 \cdot op}^{\mathrm{I}} = K_{\mathrm{rel}}^{\mathrm{I}} \cdot 3I_{0 \cdot \mathrm{ns}} \tag{6-4}$$

式中　$K_{\mathrm{rel}}^{\mathrm{I}}$——可靠系数，取 $1.1 \sim 1.2$。

2. 动作时间：采用速断方式，不延时。

二、限时零序电流速断保护（零序Ⅱ段）

1. 动作电流

零序Ⅱ段的动作电流应与下一段线路的零序电流Ⅰ段动作电流 $I_{0 \cdot op2}^{\mathrm{I}}$ 保护相配合，即：

$$I_{0 \cdot op1}^{\mathrm{II}} = K_{\mathrm{rel}}^{\mathrm{II}} I_{0 \cdot op2}^{\mathrm{I}} \tag{6-5}$$

式中　$K_{\mathrm{rel}}^{\mathrm{I}}$——可靠系数，取 $1.1 \sim 1.2$。

2. 动作时间

零序Ⅱ段的动作时限与相邻线路零序Ⅰ段相配合，动作时限一般取 0.5 s。

$$t_{op \cdot 1}^{\mathrm{II}} = t_{op \cdot 2}^{\mathrm{I}} + \Delta t \tag{6-6}$$

3. 灵敏度校验

零序Ⅱ段的灵敏系数，应按照本线路末端接地短路时的最小零序电流 $I_{0 \cdot \min}$ 来校验，并满足：

$$K_{\mathrm{s}} = \frac{3I_{0 \cdot \min}}{I_{0 \cdot op}^{\mathrm{II}}} \geqslant 1.3 \tag{6-7}$$

三、定时限零序过电流保护（零序Ⅲ段）

零序Ⅲ段的作用相当于相间短路的过电流保护，一般作为后备保护，在中性点直接接地电网中的终端线路上也可作为主保护。

1. 动作电流

按照躲过下一条线路出口处相间短路时所出现的最大不平衡电流 $I_{\mathrm{un} \cdot \max}$ 整定，即：

$$I_{0 \cdot op}^{\mathrm{III}} = K_{\mathrm{rel}}^{\mathrm{III}} I_{\mathrm{un} \cdot \max} \tag{6-8}$$

2. 动作时间

为保证选择性各保护的动作时限按阶梯原则来选择，即：

$$t_{0 \cdot 1}^{\mathrm{III}} = t_{0 \cdot 2}^{\mathrm{III}} + \Delta t \tag{6-9}$$

3. 灵敏度校验

作为本条线路近后备保护时，按本线路末端发生接地故障时的最小零序电流 $3I_{01 \cdot \min}$ 来校验，即：

$$K_{\mathrm{s}} = \frac{3I_{01 \cdot \min}}{I_{0 \cdot op}^{\mathrm{III}}} \geqslant 2 \tag{6-10}$$

作为相邻线路的远后备保护时,按相邻线路保护范围末端发生接地故障时,流过本保护的最小零序电流 $3I_{0 \cdot \min}$ 来校验,要求 $K_s \geqslant 1.5$,即:

$$K_s = \frac{3I_{02 \cdot \min}}{I_{0 \cdot op}^{\mathrm{II}}} \geqslant 1.5 \tag{6-11}$$

四、零序方向电流保护

在双侧电源或多电源的电网中,为了保证不同方向短路时,保护装置仍具有选择性,在零序电流保护中必须增加零序功率方向判断的方向元件,即在线路正方向故障时,零序功率由故障线路流向母线为负值;在线路反方向故障时,零序功率由母线流向故障线路为正值,接线图如图 6-6 所示。

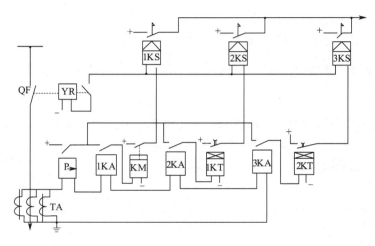

图 6-6　三段式零序方向电流保护原理接线图

五、对零序电流保护和方向性零序保护的评价

1. 零序电流保护比相间短路的电流保护有较高的灵敏度。
2. 零序过电流保护的动作时限较相间保护的时间短。
3. 零序功率方向元件无动作死区。
4. 零序电流保护接线简单,动作可靠。

第三节　中性点不接地系统的单相接地保护

对于中性点不接地的电力系统,由于变压器中性点不接地,不能构成接地短路电流回路,通常采用反映零序电压的绝缘监察装置构成电网的接地保护。

一、单相接地时的电流与电压

图 6-7 所示为中性点不接地的电网,当正常运行时,三相输电线路的对地电容 C_U、C_V、C_W 相当于中性点接地系统三相对称的星接负载,故电源中性点的电位与大地相同,各相对地电压为相电压,C_U、C_V、C_W 上电流 I_U、I_V、I_W 也三相对称,并分别超前系统电势 E_U、E_V、E_W 90°。

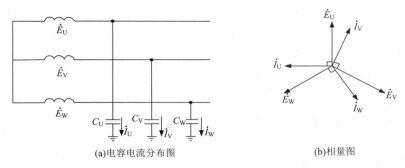

(a)电容电流分布图　　　(b)相量图

图 6-7　中性点不接地系统正常运行时的电容电流

当电网出现单相接地时,例如 U 相接地,由于没有短路回路,因此流过故障点的接地电流为系统所有非故障相对地电容电流之和。$\dot{I}_{ef}$为电容电流,其大小与线路的数目及线路的结构有关(图 6-8)。

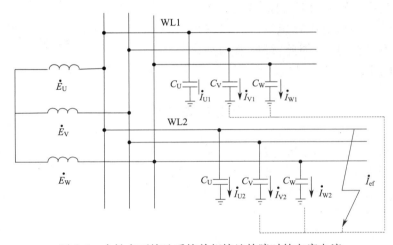

图 6-8　中性点不接地系统单相接地故障时的电容电流

非故障相 WL1 线路的零序电流为:

$$3\dot{I}_{KO\cdot1}=\dot{I}_{V1}+\dot{I}_{W1} \tag{6-12}$$

故障线路 WL2 的零序电流为:

$$3\dot{I}_{KO\cdot1}=-\dot{I}_{ef}+I_{V2}+\dot{I}_{W2}=-(\dot{I}_{V1}+\dot{I}_{W1})=-3\dot{I}_{KO\cdot1} \tag{6-13}$$

因此,故障相与非故障相均会产生零序电流,各相的线电压对称,但各相对地电压极不对称,接地相对地电压为零,但非故障相对地电压达到正常时的$\sqrt{3}$倍。

二、单相接地的绝缘监察装置

上述分析可以看出,中性点不接地系统,在正常运行时,无零序电流和零序电压,一旦发生接地短路就会出现零序电流与电压,故利用零序分量构成单相接地保护。由于小接地电流的线路较短,负荷较小,故单相接地时的零序电流也较小,因此,常采用零序电压构成接地保护——接地绝缘监视装置,如图 6-9 所示,其工作原理如下:

绝缘监视是利用母线上的三相五柱式电压互感器继电器构成,电压互感器的二次有两个绕组,一个绕组接成星接,用三个电压表分别测量三个相电压,另一个绕组接成开口三角形,在开口处接过电压继电器和一个信号继电器。

　　正常运行时,母线三相电压对称,三个电压表 U_u、U_v、U_w 读数相等,过电压继电器 kV 不动作,当母线上的任何一条线路发生单相接地故障时,接地相电压表读数为零,其他两相电压表读数增加到原来的 $\sqrt{3}$ 倍,同时过电压继电器线圈的电压接近于 $3U_0$,继电器动作,并发出接地信号。

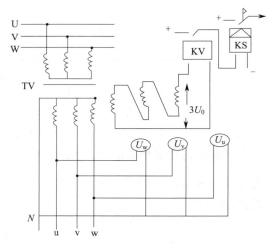

　　绝缘监视的动作是无选择的,不能判断是哪一相线路发生接地故障,因此,运行人员短时间内依次按动每条线路的"检查接地按钮"逐次切断每条线路,观察零序电压是否返回的方法,以判断故障线路。

　　由于电压互感器的三相不对称,以及高次谐波的影响,正常运行时,电压互感器的开口三角形输出端也有不平衡电压,因此,继电器的动作应躲过不平衡电压。

图 6-9　绝缘监视装置接线图

习题与思考题

1. 零序电流、电压与零序功率各有什么特点?
2. 说明零序电流滤过器的工作原理。
3. 零序过电流保护的动作电流是如何整定的?
4. 零序方向电流保护是如何实现的?
5. 零序电流保护有何优点?

第七章 自动重合闸与备用电源自投

第一节 自动重合闸概述

一、自动重合闸装置的作用

自动重合闸装置是输电线路、电力铁道牵引网广泛采用的自动装置。电力系统运行经验表明,架空线路绝大多数的故障都是瞬时性的。如:(1)雷击过电压引起绝缘子表面闪络;(2)大风时的短时碰线;(3)通过鸟类身体或树枝放电。而永久性故障一般不到20%。在输电线路出现瞬时性故障时,保护装置动作,使断路器跳闸,切除故障,然后由自动重合闸装置发出断路器合闸动作信号,断路器合闸,即可恢复正常供电。

采用自动装置将断路器进行重合,不仅提高了供电的安全性和可靠性,减少了停电损失,而且还提高了电力系统的暂态稳定水平。

自动重合闸装置 ARD(Automatic Reclosure Device)的作用主要有以下几点:

(1)对瞬时性故障,可迅速恢复供电,从而提高供电的可靠性。

(2)对两侧电源线路,可提高系统并列运行的稳定性,从而提高线路的输送容量。

(3)由于断路器或继电保护误动作引起的误跳闸时,可以避免由此产生的停电事故。

在实际工作现场,1 kV 及以上电压等级的架空线路,或电缆与架空线路的混合线路上,只要装有断路器,一般都应装设自动重合闸装置。据运行资料统计,自动重合闸一次成功率约为60%~90%,经济效益很高,因此自动重合闸装置得到广泛应用。

但是,自动重合闸装置本身不能判断故障是瞬时性的,还是永久性的。所以若重合于永久性故障时,其不利影响有:

(1)使电力系统又一次受到故障的冲击;

(2)使断路器的工作条件恶化(因为在短时间内连续两次切断短路电流)。

为了消除以上影响,自动重合闸装置往往与故障性质判断装置配合使用,当故障性质判断装置判断出线路故障为瞬时性故障时,自动重合闸装置才会动作。

二、对自动重合闸的基本要求

(1)自动重合闸的延时动作时间应尽可能短。

自动重合闸的动作时间原则上越短越好,但在重合闸延时的时间内应保证故障点电弧熄灭、绝缘恢复;断路器触头周围绝缘强度的恢复,消弧室重新充满油,准备好重合于永久性故障时能再次跳闸。

如果采用保护装置启动方式,延时时间还应加上断路器跳闸时间。在断路器具备可以重合的条件时,立即发出合闸信号,自动重合闸的延时时间一般为 0.5~1.5 s。

(2)不允许多次重合,即重合闸动作次数应符合预先的规定,即使装置中任一元件发生故障或接点粘接时,也应保证不多次重合,故应设置断路器防跳措施。

(3)自动重合闸动作后应能自动复归,做好再次动作的准备。

（4）手动操作或遥控操作断路器分闸时不应进行重合闸。

（5）手动断路器合闸于故障线路时不能重合闸，因为此时多属于永久性故障。

（6）除（4）、（5）两种情况外，当断路器因继电保护动作或其他原因而跳闸时，自动重合闸装置均应动作。

（7）应优先采用由控制开关位置与断路器位置不对应的原则来启动重合闸，同时也允许采用保护装置启动的方式。

（8）自动重合闸能在重合闸之前或重合闸之后加速继电保护的动作。

三、工作原理框图分析

如图 7-1 所示，当输电线路上出现短路故障，此时线路保护装置动作使断路器 QF 跳闸，自动重合闸 ARD 启动，延时后发出合闸动作信号，使断路器 QF 合闸，若故障是瞬时性的，自动重合闸成功；如果故障是永久性的，保护再次动作使得断路器跳闸，不再重合。

图 7-1　自动重合闸工作原理示意图

通常三相一次自动重合闸装置由启动元件、延时元件、一次合闸脉冲元件和执行元件四部分组成，如图 7-2 所示。

图 7-2　自动重合闸动作原理框图

自动重合闸的动作过程：

（1）启动元件：当线路故障断路器 QF 跳闸后，自动重合闸启动。

启动条件：断路器的控制开关 SA 位置与断路器实际位置不对应，控制开关 SA 在合后位，而断路器因故障已经跳闸，二者状态不一致。

（2）延时元件：延时自动重合闸的动作时间。

（3）一次合闸脉冲元件：保证重合闸装置只重合一次。

（4）执行元件：发出重合闸动作信号，启动断路器合闸回路和 ARD 动作信号回路。

第二节　单侧电源线路的三相一次重合闸

一、单侧电源线路电磁型三相一次重合闸装置

1. 原理接线图

如图 7-3 所示，图中重合闸装置 KAR 采用 DH-2A 型电磁型重合闸继电器，该继电器主要包括以下元件：

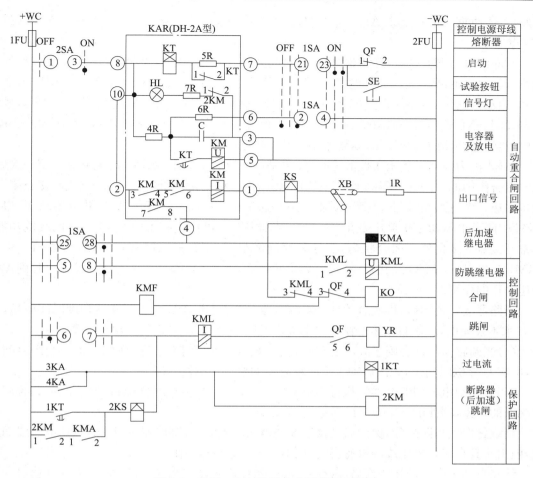

图 7-3　单相一次电磁型自动重合闸电路图

(1)时间继电器 KT:用于完成重合闸动作时间的延时;

(2)中间继电器 KM:输出自动重合闸动作信号;

(3)电容 C:充电电容,用于保证两次重合闸动作间隔的时间;

(4)充电电阻 4R:用于电容的充电回路;

(5)放电电阻 6R:用于电容的放电回路;

(6)信号灯 HL:用于指示电容的充电状态。

图 7-3 中其他元件有:

1SA—断路器控制开关;SB—重合闸试验按钮;2SA—自动重合闸装置投入或撤除选择开关;KO—断路器合闸接触器;YR—断路器分闸线圈;QF(1、2;3、4;5、6)—断路器辅助接点;KML—防跳继电器;KMA—后加速继电器(缓放型中间继电器);KS—DX-11 型信号继电器;KMF—断路器分闸位置继电器。

2.重合闸工作原理

(1)正常情况下,断路器处于合闸位置,2SA 闭合,电容 C 通过充电电阻 4R 进行充电,监视信号灯 HL 逐渐变亮,重合闸继电器处于准备动作状态。

(2)当电力线路发生瞬时性短路故障时,过电流保护启动,3KA 或 4KA 动作,则由时间继电器 1KT 延时后,断路器跳闸。断路器跳闸后其辅助常闭接点 QF1、2 闭合,接通自动重合闸的启动回路：＋→2SA①、③接点→KT线圈→KT1、2接点→1SA㉑、㉓→QF1、2接点→－。

时间继电器 KT 受电，开始延时，延时时间到，KT 延时常开接点闭合，电容 C 向自动重合闸执行继电器 KM 电压线圈充电，KM 常开接点(3、4)，接点(5、6)闭合，自动重合闸发出动作信号，启动回路：＋→2SA①、③接点→KM 的接点3、4，接点5、6→KM 电流线圈→KS 信号继电器线圈→XB 连接片→KML3、4接点→QF 的3、4接点→KO→－，断路器合闸接触器 KO 受电，接通断路器的合闸线圈，断路器 QF 进行重合闸。

(3)当电力线路发生永久性故障时，如果是过电流保护动作，断路器跳闸并重合闸一次后，此时重合闸中的中间继电器的 KM7、KM8接点已接通，后加速继电器 KMA，(1、2)接点闭合，准备加速动作；由于故障仍然存在，保护装置会继续动作，3KA、4KA 电流继电器动作，启动2KM 中间继电器，2KM 常开接点1、2闭合，与此同时，由于后加速继电器 KMA 的缓放功能，其常开接点1、2仍处于闭合状态，于是将时间继电器 1KT 的延时接点短路，接通回路＋→2KM1、2接点→KMA1、2接点→2KS 线圈→KML 线圈→QF5、6→YR 分闸线圈→起到保护加速动作的作用。

断路器故障跳闸后，再次启动重合闸继电器，但此时电容 C 由于断路器合闸时间较短，电容 C 来不及充电，所以自动重合闸继电器无法动作，断路器不会进行二次重合闸。

(4)当断路器手动合闸于故障线路时，保护装置动作，断路器 QF 跳闸。由于合闸时间较短，电容 C 充电时间短，无法启动重合闸继电器的执行继电器 KM。

(5)若自动重合闸继电器的执行继电器 KM 的接点黏连，则可能造成断路器分闸、合闸反复跳跃的现象，因此电路中设置防跳继电器 KML。

当线路发生短路故障，保护启动接通断路器的跳闸线圈，继电器 KML 的启动电流线圈受电，但由于其自保持电压线圈没有受电，则 KML 继电器不动作。

但在自动重合闸动作一次后，若执行继电器 KM 的接点黏连，此时保护装置继续启动使得断路器跳闸，KML 的电流线圈再次启动，其(1、2)接点闭合，此时其电压线圈受电并自保持，继电器 KML 动作，其(3、4)常闭接点断开，切断断路器合闸接触器的受电回路，使断路器不能合闸，KML 起到了防跳的作用。

二、单侧电源线路晶体管型三相一次自动重合闸

图7-4所示为晶体管型三相一次自动重合闸电路，工作情况分析如下：

(1)当线路正常运行时

断路器在合闸位置，断路器辅助接点 QF1接通，三极管 VT1截止，电容器 C3经电阻 R5和 R6充电至电源电压，充电时间为15～25 s。稳压管 VS2截止，三极管 VT2由电阻 R7供给基流而导通，三极管 VT3截止，信号继电器 KS、重合闸执行继电器 1KM 均不动作。

(2)当线路发生故障时

断路器跳闸，QF1接点断开，电容 C1经电阻 R1充电，经延时后，电容 C1两端充电电压达稳压管 VS1的击穿电压，三极管 VT1经电阻 R1和稳压管 VS1供给基流而导通，故二极管 VD1也正向导通，稳压管 VS2被击穿，使负电压加于三极管 VT2的基极，三极管 VT2截止，于是三极管 VT3导通，继电器 1KM 和 KS 动作，发出断路器合闸信号，同时给出重合闸动作的信号。

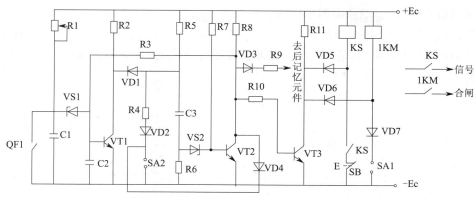

图 7-4　晶体管型三相一次自动重合闸电路

（3）若线路发生永久性故障时

在断路器重合闸以后，若故障仍然存在，保护将再次动作跳闸，此时 QF1 接点断开，三极管 VT1 导通，但是由于电容 C3 尚未充满电压，三极管 VT2 仍导通，VT3 截止，继电器 1KM 和 KS 不动作，这就保证了只进行一次重合。

（4）控制开关手动分闸时

当断路器的控制开关在预分位置时，控制开关 SA₂ 接点接通，接通了电容 C3 经电阻 R4 和 VD2 的放电回路，电容 C3 放电，三极管 VT2 的集电极经二极管 VD4 接至低电位，而不会导通；在手动分闸以后，QF1 接点断开，则电容 C3 一直处于放电状态，从而实现手动分闸以后断路器不会重合闸。

（5）控制开关手动合闸时

断路器合闸后，QF1 接点接通，三极管 VT1 截止，电容 C3 开始充电，经 15～25 s 时间后，电容 C3 才会充满电压。如果线路上存在故障，继电保护动作跳闸后，电容 C3 两端的充电时间短，不足以使三极管 VT2 手动合闸后，截止，不会使断路器自动重合。

第三节　双侧电源线路三相一次重合闸

一、双侧电源线路三相一次重合闸应考虑的问题

1. 时间的配合：考虑两侧保护可能以不同的延时跳闸，此时须保证两侧均跳闸后，才能进行重合。

2. 同期问题：重合时两侧电源是否同步的问题，以及系统是否允许非同步合闸的问题。

二、两侧电源线路自动重合闸的方式

1. 快速自动重合方式，当线路上发生故障时，继电保护快速动作而后进行自动重合。其特点是快速，需具备下列条件：

（1）线路两侧均装有全线瞬时保护；

（2）有快速动作的断路器；

（3）冲击电流小于允许值。

2. 非同期重合闸方式，不考虑系统是否同步而进行自动重合闸的方式（期望系统自动拉入同步，须校验冲击电流，防止保护误动）。

3. 检查双回线另一回线电流的重合闸方式。

4. 解列重合闸方式（双侧电源单回线上）

如图 7-5 所示，当线路 k 点短路，保护 1 动作，1QF 跳闸，小电源侧保护动作，3QF 跳闸，1QF 处 ARD 检无压后重合，若成功，恢复对非重要负荷供电，在解列点实行同步并列，恢复正常供电。

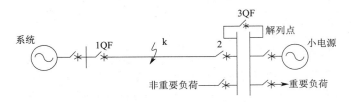

图 7-5　解列重合闸方式示意图

5. 具有同步检定和无压检定的重合闸

如图 7-6 所示，在 M、N 两侧电源的出口断路器上，除装有单侧电源线路的 ARD 外，在一侧（M 侧）装有低电压继电器，用以检查线路上有无电压（检无压侧），在另一侧（N 侧）装有同步检定继电器，进行同步检查（检同步侧）。

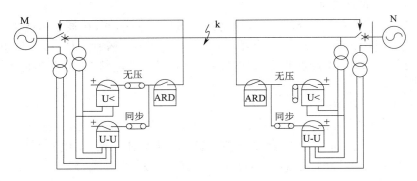

图 7-6　具有同步检定和无压检定的重合闸方式示意图

当线路 k 点短路故障时，两侧断路器断开，线路失去电压，M 侧低电压继电器动作，ARD 动作，断路器重合。

（1）重合闸成功，N 侧同步检定继电器检查两侧电源符合同步条件后，再进行重合闸，恢复正常供电。

（2）重合闸不成功，保护再次动作，M 侧断路器跳闸，不再进行重合闸。

由上述分析可见，M 侧断路器如果重合于永久性故障，断路器将连续两次切断短路电流，所以工作条件比 N 侧恶劣，为此，通常两侧都装设低电压继电器和同步检定继电器，利用连接片定期切换两侧工作方式，使两侧断路器工作条件接近相同。

在正常工作情况下，由于某种原因如保护误动、误碰跳闸机构等，使 M 侧断路器误跳闸时，因线路上仍有电压，无法进行重合，为此，在无压检出侧也同时投入同步检出继电器，使两继电器的接点并联工作。

第四节　重合闸与继电保护的配合

自动重合闸与继电保护的配合一般有前加速保护和后加速保护两种方式。

一、重合闸前加速保护（简称"前加速"）

如图 7-7 所示，WL1、WL2、WL3 上任一点故障，由保护 1 的速断动作，QF1 跳闸，然后进行自动重合闸，若成功，恢复正常供电；若不成功，按选择性动作。

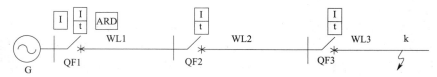

图 7-7　重合闸前加速保护动作示意图

前加速保护的优点：

(1)能快速地切除瞬时性故障。

(2)使瞬时性故障不至于发展成永久性故障，从而提高重合闸的成功率。

(3)使用设备少，只需装设一套重合闸装置，简单、经济。

前加速保护的缺点：

(1)断路器 QF1 的工作条件恶劣，动作次数增多。

(2)对永久性故障，故障切除时间可能很长。

(3)如果重合闸或断路器 QF1 拒绝合闸，将扩大停电范围。

应用：用于 35 kV 以下由发电厂或重要变电所引出的直配线路上。

二、重合闸后加速保护（简称"后加速"）

如图 7-8 所示，当线路发生故障时，首先保护有选择性动作切除故障，重合闸进行一次重合。若重合于瞬时性故障，则线路恢复供电；如果重合于永久性故障上，则保护装置加速动作，瞬时切除故障。

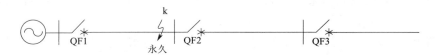

图 7-8　重合闸后加速保护动作示意图

后加速保护的优点：

(1)第一次有选择性的切除故障，不会扩大停电范围。

(2)保证永久性故障能瞬时切除，并仍然具有选择性。

(3)和前加速保护相比，不受网络结构和负荷条件的限制。

后加速保护的缺点：

(1)每个断路器上都需要装设一套重合闸。

(2)第一次切除故障可能带有延时。

应用：用于 35 kV 以上的网络及对重要负荷供电的送电线路上。

第五节　备用电源自投装置

备用电源自动投入装置 APR(Automatic Power Reserres)是指当正常供电电源，因供电线路故障或电源本身发生事故而停电时,将负荷自动、迅速切换至备用电源上,使电源供电不中断,从而确保正常运行,把停电造成的经济损失降低到最低,这种备用电源自动装置简称 APD。

备用自投装置 APD 可以有效地提高供电的可靠性,是用户不间断供电的经济而有效的重要技术措施之一。而且本身的实现原理简单,费用较低,所以在发电厂和变电站以及配电网络中得到广泛的运用。

铁路是国民经济的大动脉,铁路牵引负荷属于一级电力负荷,对供电的可靠性要求很高,在牵引变电所,电源自投装置包括:电源进线自投(线路自投)、主变压器自投,所内自用变自投、直流电源自投等。本节重点介绍了变电所的电源进线及备用变压器自投,简称备用电源自投。

一、备用电源自投装置应遵循的基本原则

(1)自投装置采用失压检出的方式,即当工作线路失压以后,自投装置才能启动。但为了防止抽压装置二次回路断线造成误动作,通常需要对母线电压进行检测,只有当线路和母线均失压后,自投装置才能启动。

(2)当线路故障失电后,只有另一路线路电压正常的情况下,才允许自投,否则将失去自投的意义。

(3)备用线路自投的时间应尽可能的短,但当线路失压后,线路的自动重合闸将启动,并有可能重合成功,因此备用线路的自投时间应大于自动重合闸的动作时间,以避免不必要的自投启动。

(4)人工切除工作电源时,备用自投装置不应动作。

(5)备用线路一侧的电压互感器、避雷器等设备检修时,线路的自投应该撤除,防止检修过程,正常电源失压,启动自投装置投入备用线路。

(6)自投装置只允许动作一次,以免母线或进线发生永久性故障时,备用电源被多次投入到故障线路上去,造成严重的事故。

(7)可通过进线无流检查,来防止母线电压互感器 TV 二次侧断线时,备用自投装置的误启动。

(8)在满足以上基本要求的情况下,备用自投装置应力求接线简单,选用器件工作稳定可靠。

二、微机备用电源自投装置的优点

备用电源自投装置的类型有传统继电器控制型、微机控制型。微机备用自动投入装置装置与传统的继电器型备用自动投入装置相比有以下优点:

(1)装置简单直观,微机自投装置接线少,体积比较小,可以在线查看装置全部输入量和开关量,整定值、预设值、瞬时采样数据和事故分析记录。显示屏实时显示相关运行数据,并可以调节。

(2)可靠性高,采用先进的电磁兼容性设计技术,新型抗电磁、尖脉冲干扰器,先进的微控器件 CPU,软件上采用了冗余、容错、数据过滤波等技术。

(3)精度高、免校检,精度均由软件调整。

(4)智能化程度高,自身适应能力强,出口继电器均为可编程输出。

(5)综合能力强,装置既可以通过通信接口构成网络系统,接受主站的监控,又可脱离网络独立完成各项功能。

　　(6)微机自投装置配有液晶显示屏,整定案件、信号指示灯、复归键等,装置设有 RS485/CAN 通信接口。

　　(7)备用电源自投装置动作后,动作指示灯亮,并自动打印报告。若自投装置动作失败,或动作后处于故障线路状态,APR 装置将不再动作,并发出警告信号,警告原因排除后,可按复归钮复位告警。

　　在实际应用中,变电所的主接线各不相同,因此,备用电源的接线方式很多,每种方式需输入的模拟量和断路器状态都不一样,自投过程中跳闸、合闸的断路器数目也不太一样,所以传统的 APR 装置往往只能适用一种或有限的几种接线方式,对不同的接线,硬件和软件上都要做一定的改动才能适应不同的接线。而微机 APR 装置采用软件可编程的方式,对不同的备用电源方式,通过改变整定控制字的方法,使之适用于各种场合。同时,在硬件上按最大可能的备用电源方式配置,模拟量、开入量和出口均可自定义,使自投装置的灵活性大大的提高了,适用性也大为增加。

第六节　微机备用电源自投装置应用举例

　　电气化铁道供电系统备用电源自动投切装置是由高性能 32 位微处理器和高精度数据采集系统构成的完善的自动投切装置,采用主芯片为 MOTOROLA 的 32 位单片机芯片,结构为插件式,面板密闭结构,通信接口采用插卡方式,具有多种通信网络结构。人机对话界面良好,使用操作方便。适用于 220kV 及以下电压等级变电站需要备用电源自动投入的场合。

一、微机自投装置的功能

　　1. 主要功能:变压器备自投方式,进线备自投方式。

　　2. 辅助功能:TV 断线闭锁,故障记录。

　　3. 遥测功能:采集 8 路电压量,6 路电流量。

　　4. 遥信功能:共有 36 路遥信,其中外部采集的遥信有 28 路,2 路内部遥信,6 路软件遥信。

　　5. 遥控功能:装置共有 32 路遥控信号,其中 20 路遥控断路器分合闸可以通过可编程逻辑程序的编辑,指定某一路遥控对应出口板的任一路出口回路。

　　6. 通信功能:三个接口,其中一个标准的 RS485/232 接口,通信媒介可采用光纤或屏蔽电缆,通信速率可灵活设置;一个为 FDKBUS 接口,采用插卡方式,通信速率为(187.5K～1M)bit/s,通信规约采用 FNP(Fieldbus Network Protocol)规约;一个为以太网络接口,采用插卡方式,通信速率为 10 Mbit/s,通信规约建立在国际标准的 TCP/IP 协议之上。

二、微机自投装置的硬件组成

　　图 7-9 所示为微机自投装置的内部结构,采用插件前插拔的方式,主要由交流插件、CPU 插件(含遥信插件)、出口插件、电源插件(含通信插件)、面板、后端子等部分组成。

　　1. 交流插件

　　交流插件是将系统电压互感器、电流互感器二次侧强电信号变换成保护装置所需的弱电信号,经两级 RC 滤波接入 CPU 插件的模数转换回路,同时起隔离和抗干扰作用。接线端子见图 7-10,其中交流量有 8 路电压量和 6 路电流量。

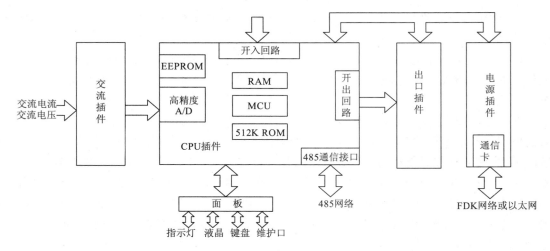

图 7-9　插件结构框图

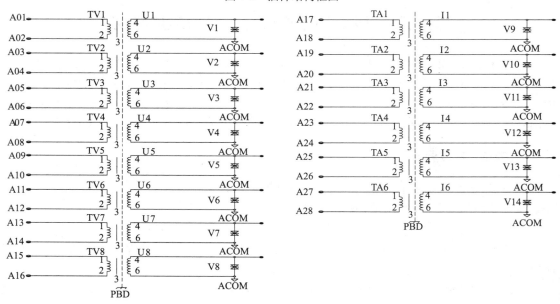

图 7-10　交流插件交流输入回路

2. CPU 插件

插件采用高集成度 32 位工业控制 CPU 芯片,外部逻辑均通过 I/O 芯片隔离和 CPU 相连接,抗干扰能力强。采用高精度 A/D 转换芯片,有 14 路模拟输入通道,模拟量经两阶 RC 低通滤波电路接入模数转换回路。

有 14 路开关量输入回路(开入),开入量均经光耦隔离后接入 CPU。设置开入扩展口,可以扩展一块遥信插件,扩展的遥信插件共有 14 路开入量,装置最多可以外接 28 路开入量。开入回路均为 24V 回路。插件有 24 路开关量输出回路,用于驱动出口跳闸继电器和告警继电器。

插件上有一个标准 RS485 通信接口,通信媒介可以采用光纤或屏蔽电缆,通信规约采用 IEC870－5－103 标准。

3. 出口插件

插件上设有启动继电器,用来闭锁出口继电器的 24 V 电源;启动继电器启动后,出口继电器才会启动,并由出口继电器来完成对各断路器和电动隔离开关的分合闸操作。

4. 电源插件

主要提供装置 CPU 及其外围芯片的工作电源,A/D 芯片的工作电源,外部开入采集的工作电源,开出回路的工作电源及通信插件的工作电源。

5. 开关量输入

端子 B01,B02,B04,B05,B07～B16,C01～C14 分别对应 1～28 路光电隔离输入。

端子 B03,B06,B17,C15 为开入公共地,需要和端子 E01 连接(－24 V)。

所有的开入输入均为 24 V,如果需要接 110 V 或 220 V 的开入,则需外接光耦转接端子,端子 E02 提供＋24 V,隔离后再接入装置。

6. 输出接点

端子 D01～D44 均为出口接点,共 19 路。所提供的接点为无源接点,所接电压可以为直流 110 V 或直流 220 V。

7. 通信接口

电源插件上有通信接口,可以接入通信插件,目前提供的插件有 3 种,包括 FDKBUS 通信插件、电缆以太网插件、光纤以太网插件,一台装置只能接一个通信插件。

三、微机备用电源自动投切装置的工作过程

备用电源自投装置投入后,在设定的时间内均满足所有正常运行条件时,则自投完成充电过程,可以进行启动和动作过程判断;当满足任一退出条件时,自投立即放电,自投功能退出;在正常运行条件或退出条件下,自投应可靠不动作。

若满足启动条件后,自投进行动作过程判断,并按程序执行操作;若检测到电压互感器 TV 断线后,由于微机 APR 装置有无电流检测,因而 TV 断线时自投装置不会误动。

图 7-11 所示为目前牵引变电所广泛采用的双 T 接线,有两直、两曲四种运行方式:1 号供 1T,2 号供 2T,1 号供 2T,2 号供 1T。其中电源进线 1 号和 2 号互为备用,1T 和 2T 互为备用,其中 1 号和 2 号电源进线互为备用方式的转换,可以通过软件对开关位置和充电条件的自动识别来完成。

为了满足进线备用线路自投的要求,

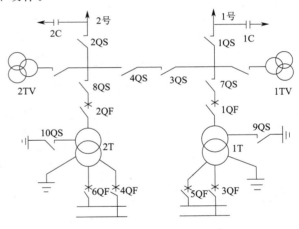

图 7-11　双 T 主接线图

两回 110 kV 电源进线隔离开关 1QS 和 2QS,以及母线隔离开关 3QS 均采用电动操作开关,变压器中性点接地隔离开关 9QS、10QS 也采用电动操作机构,与变压器的原边断路器 1QF、2QF 相配合,即在 1QF、2QF 在合闸或分闸之前,9QS、10QS 必须先行合闸,以避免变压器在投切过程中产生的操作过电压对变压器中性点对地绝缘的破坏;两回 1 号、2 号电源进线上设有电容式电压抽取装置用于测取进线电压。

现以变电所 1 号电源供 1T 运行方式工作,1 号电源进线失压为例说明自投过程。

当 1 号进线电源失压,110 kV 母线也随即失压,经过延时后,启动分闸回路,断路器 3QF、5QF 分闸,1QF 分闸,1QS 分闸。

在 2 号线路有电压,母线侧 2TV 检测有电压,1 号进线无电压情况下:若采用直供方式,

启动合闸回路：2QS 合闸，2QF 合闸（7QS、8QS 通常处于合闸状态），4QF、6QF 合闸；若采用曲供方式，依次将 2QS、3QS（4QS 通常处于合闸状态）、9QS、1QF、3QF、5QF 合闸。

自投装置动作过程分析如下：

(1)1 号电源进线失压判别

进线失压是根据变压器高压侧测量电压值以及开关位置进行判断的。即断路器 1QS 在合闸位，电容式电压 1C 抽取装置、电压互感器 1TV 测量电压均低于整定值，则判断 1 号电源进线失压。

(2)2 号电源进线有压判断

2 号电源进线的电压抽取装置测量电压大于整定值时，即判断 2 号电源进线有压，满足自投启动条件。

(3)启动自投程序

如图 7-12 所示为自投程序流程图。

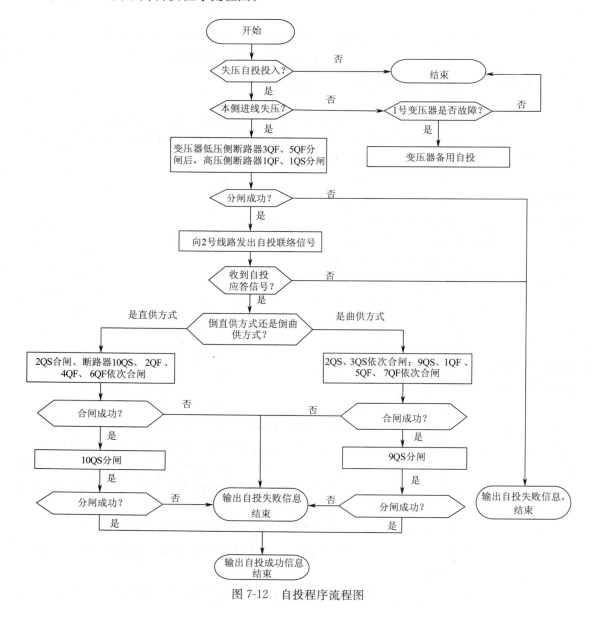

图 7-12　自投程序流程图

四、装置故障检测

装置有完善的故障检测功能,当检测出有异常情况时,装置告警并同时生成报告,由液晶显示并将报告通过通信上传。根据告警的严重程度,可分为装置故障和异常告警两种。

1. 装置故障:RAM 定值出错,内部 RAM 故障,外部 RAM 故障,程序 ROM 故障,EEP-ROM 定值出错,RAM 梯形图故障,压板异常,A/D 变换超时故障,此时装置故障告警,自投功能退出。

2. 异常告警:电压互感器二次侧断线,装置异常告警,自投功能退出。

五、人机对话

装置在前面板设有一个液晶显示屏、9 个按键、手动操作按钮及若干信号指示灯。9 个按键功能定义如图 7-13 所示。

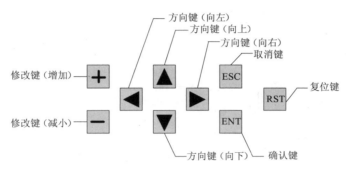

图 7-13　面板键盘指示图

装置上电或复位后进入上电界面(图 7-14)。

显示装置型号、名称、日期及时间。当 3 min 时间按键无操作时,液晶将自动关闭背光,每年间隔5 s自动翻屏循环显示运行界面中的实时测量值,及通信地址 NET、程序校验码 CRC、运行定值区号 SET 和时间。运行界面如图 7-15、图 7-16、图 7-17 所示。

```
        DK3582
    电铁自动投切装置


     2007/09/04
      11:11:25
```

图 7-14　上电界面

```
    U1= 000.00 V
    U2= 000.00 V
    U3= 000.00 V
    U4= 000.00 V
    I1= 000.00 A
    I2= 000.00 A
  NET:002  CRC:76AB
   SET:00  11:11:25
```

图 7-15　运行界面一

```
    U5= 000.00 V
    U6= 000.00 V
    U7= 000.00 V
    U8= 000.00 V
    I3= 000.00 A
    I4= 000.00 A
  NET:002  CRC:76AB
   SET:00  11:11:25
```

图 7-16 运行界面二

```
    I5= 000.00 A
    I6= 000.00 A




  NET:002  CRC:76AB
   SET:00  11:11:25
```

图 7-17　运行界面三

运行主菜单如图 7-18 所示。

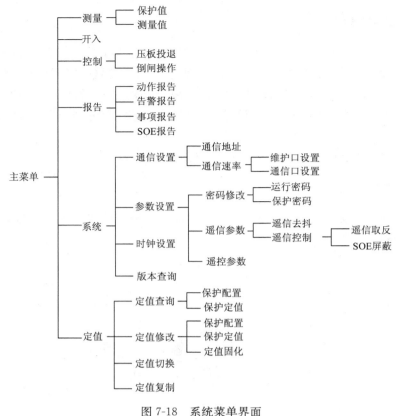

图 7-18　系统菜单界面

习题与思考题

1. 自动重合闸装置有什么作用?

2. 对自动重合闸的基本要求有哪些?

3. 晶体管型自动重合闸装置与电磁型各有什么特点?

4. 分析在永久性故障下,电磁型自动重合闸电路的工作过程。

5. 备用电源自投有哪些基本要求?

6. 以变电所 2 号电源供 1T 运行方式工作,2 号电源进线失压采用直供方式下说明自投过程。

7. 微机电源自投装置有什么优点?

第三篇　牵引变电所微机保护装置的应用

在微机保护技术的发展和应用过程中,电气化铁道牵引供电系统微机保护及测控技术的应用显得尤为迫切,并已经非常普遍。这是因为牵引供电系统中,牵引变压器、牵引网以及电力机车负荷的特殊性,对保护技术提出了更为苛刻的要求,需要利用微机技术来实现更为复杂的保护特性,以提高保护装置的工作性能。本篇重点介绍变压器保护的基本原理,并针对牵引变压器、馈线、并联电容器微机保护的功能、特点、工作原理等作详细的介绍。还要说明,在目前牵引变电所的微机保护装置中,均采用汉语拼音缩写的技术文字符号,例如"GL"(过电流),"DZ"(动作),"HWJ"(合闸位置继电器)等。这些符号虽与国标不尽相符,但为了方便读者和现场技术人员学习和应用上述设备装置,本章沿用了这些文字符号,并作了必要的说明。

第八章　变压器保护

第一节　概　述

电力变压器是发电厂和变电站的重要电气设备之一,其结构比较简单、可靠性高,发生故障的机率相对较低,但它一旦发生故障,将会给供电的可靠性和系统的正常运行带来严重的后果。尤其是大型高压、超高压电力变压器造价昂贵、安全运行关系重大,如果变压器发生故障或损坏,不仅会造成重大的经济损失,而且会造成区域大面积停电事故。为了保证变压器的安全运行、防止故障的扩大,必须装设灵敏、快速、可靠的保护装置。

电力系统及电气化铁道牵引变电所多采用大容量的油浸式变压器,本章主要针对此类型变压器的保护进行讨论。

变压器的运行状态有:正常运行、不正常运行、故障 3 种状态。

变压器的故障可分为油箱内部故障和油箱外部故障。

油箱内部故障是指发生在变压器油箱内的各相绕组之间相间短路、单相绕组或引出线通过外壳接地短路,或单相绕组部分线匝之间发生匝间短路,其中最常见的是线圈匝间短路。故障点的高温电弧不仅会烧坏线圈绝缘和铁芯,而且由于变压器油和绝缘材料在高温下强烈气化,严重时将引起油箱爆炸。

变压器油箱外部故障常见的是引出线的相间短路,绝缘套管闪烁或破坏而导致引出线相间短路或对外壳之间的接地短路。

变压器的不正常运行状态主要有过负荷、外部短路引起的过电流、温度过高、油面降低、过电压等。

针对上述各种故障与不正常运行状态,变压器通常装设有多种相应继电保护装置,主要有以下几种:

1. 变压器的主保护

(1)瓦斯保护:反映变压器油箱内各种短路故障和油面降低。

(2)纵差动保护和电流速断保护:反映变压器绕组和引出线的多相短路、大接地电流系统侧绕组以及引出线的单相接地短路,绕组匝间短路。

2. 变压器的后备保护

(1)过电流保护:用于反映外部相间短路引起的变压器过电流,同时作为变压器内部相间短路的后备保护。

(2)复合电压启动的过电流保护:当采用一般过电流保护而灵敏度不能满足要求时,可采用复合电压启动的过电流保护。

3. 零序电流保护

在电压为 110 kV 及以上中性点直接接地电网中的变压器上,一般应装设零序电流保护,主要用来反映变压器外部接地短路引起的变压器过电流,同时作为变压器内部接地短路的后备保护。

4. 过负荷保护

过负荷保护用于反映变压器的过负荷运行状态。数台变压器并列运行或单独运行且作为其他负荷的备用电源时,应装设过负荷保护。对无人值班的变电站,过负荷保护动作后,可启动自动减负荷装置,必要时撤除变压器。

5. 过励磁保护

过励磁保护用于大容量变压器,反映变压器过励磁,即实际工作磁通密度超过额定工作磁通密度,保护动作于信号或撤除变压器。

6. 其他保护

对变压器温度及油箱内压力升高或冷却系统故障,应按现行变压器标准的要求,装设可作用于信号或动作于跳闸的保护装置。

变压器对继电保护装置的要求很高,在以上保护方式的解决方案中注意解决好以下一些技术问题:

(1)快速准确区分出变压器的励磁涌流和各种故障情况,区分出保护区内故障和区外故障;

(2)迅速准确识别出变压器过励磁情况,解决其对变压器保护带来的影响;

(3)解决电流互感器二次电路断线或短路时对变压器差动保护的影响;

(4)消除电流互感器饱和时对变压器差动保护的影响;

随着继电保护技术、电子技术、通信技术等方面的不断发展,为解决上述问题提供了可能。特别是现在大量采用的微机型变压器保护装置,借助了性能良好的计算机硬件平台,具备更为强大的数据处理、数据记忆、计算、逻辑判断等软件功能,保护装置能够很好地处理和解决变压器保护中的这些技术问题。

第二节　变压器的瓦斯保护

油浸式变压器内部充满了具有良好绝缘和冷却性能的变压器油,油面高于油箱直达油枕的中部。油箱内发生任何类型的故障或不正常运行状态都会引起箱内油的状态发生变化,如发生相间短路或单相接地故障时,故障点由短路电流造成的电弧温度很高,使附近的变压器油及其他绝缘材料受热分解产生大量气体,并从油箱流向油枕上部;而当发生绕组的匝间或层间短路时,局部温度升高也会使油的体积膨胀,排出溶解在油内的气体,形成上升的气泡;而当油箱壳体出现严重渗漏时,油面会不断下降。

瓦斯保护是保护油浸式电力变压器内部故障的一种相当灵敏的保护装置,它能灵敏反映油箱内油、气体的状态和变压器的运行情况,因此,瓦斯保护作为变压器的主保护之一,被广泛地应用在容量为 800 kV·A 及以上的油浸式变压器保护中。

瓦斯保护反映的故障情况有:变压器内部多相短路,匝间短路;铁芯故障(发热烧损);油面下降或漏油;分接开关接触不良或导线焊接不良。

一、瓦斯保护的构成和动作原理

瓦斯保护的主要元件是瓦斯继电器,又称气体继电器,文字符号表示为 KG,它是一种反映气体变化的继电器,装设在油浸式变压器的油箱与油枕之间的联通管中部。

如图 8-1 所示,为了使油箱内的气体能顺利通过瓦斯继电器而流向油枕,在安装变压器时,要求其顶盖与水平面间有 1‰~1.5‰ 的坡度,使安装继电器的连接管有 2‰~4‰ 的坡度,均朝油枕的方向向上倾斜。

常用的瓦斯继电器有两种:浮子式、挡板式。挡板式瓦斯继电器是将浮子式的下浮子改为挡板结构。只有当油的流速达到 0.6~1.0 m/s 时才会动作,挡板式结构不随油面下降而动作,所以挡板式瓦斯继电器遇到油面下降或严重缺油时,不会造成重瓦斯误动跳闸。

挡板式结构又分为浮筒挡板式和开口杯挡板式两种形式,开口杯挡板式是用开口杯代替密封浮筒,克服了浮筒长时间浸泡在油中会向内渗油的缺点;用干簧接点替代水银接点,提高了抗震性能。

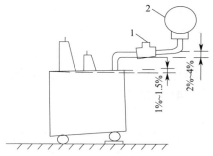

图 8-1　变压器瓦斯继电器安装示意图

1—瓦斯继电器;2—油枕

(a)瓦斯继电器外观图

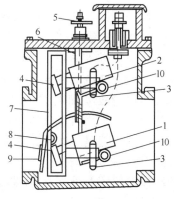

(b)瓦斯继电器结构图

图 8-2　Qn-80 型瓦斯继电器

1—下开口杯;2—上开口杯;3—干簧触点;4—平衡锤;
5—放气阀;6—探针;7—支架;8—挡板;9—进油挡板;10—永久磁铁

图 8-2(a)所示为 Qn-80 型瓦斯继电器外观图,图 8-2(b)为其内部结构图,该继电器采用

挡板式开口杯式,其中开口杯1、2和平衡锤固定在它们之间的一个转轴上,上开口杯2反映油箱内的轻度故障,下开口杯1反映油箱内严重故障,其工作原理如图8-3所示。

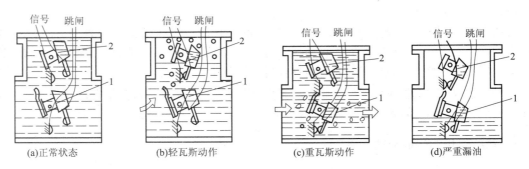

图8-3　瓦斯继电器的不同动作状态

1—下开口杯;2—上开口杯

1. 在变压器正常运行时,瓦斯继电器内部的上下开口杯都充满油;而上下开口杯因各自平衡锤的作用而升起,此时上下两对干簧触点3都是断开的。

2. 当变压器油箱内部发生轻微故障时,由故障产生的少量气体慢慢升起进入瓦斯继电器顶部,并由上而下地压缩其中的油,使油面下降,上开口杯2因失去油的浮力,盛有残余油的一端力矩大于转轴另一端平衡锤的力矩而降落,带动永久磁铁正好位于上部干簧触点3附近,在磁铁的作用下,干簧触点被吸合接通保护动作信号回路,发出音响和灯光信号,即轻瓦斯动作。

3. 当变压器油箱内部发生严重故障时,如相间短路、铁芯起火等,由于故障产生的气体很多,油气流迅速地由变压器油箱冲击到联通管进入油枕,大量的油气混合体在经过瓦斯继电器时,冲击凹形挡板8,使下开口杯1下降,并带动挡板后的连动杆向上转动,同样在永久磁铁的作用下,下部重瓦斯干簧接点3吸合,通过中间继电器,接通断路器跳闸回路,同时发出音响和灯光信号,即重瓦斯动作。

4. 严重漏油时,油面下降,上开口杯2、下开口杯1都开始偏转,并带动连动杆向上转动,上、下部干簧触点3均接通,发出动作信号。

轻瓦斯保护动作的原因及处理:变压器的轻瓦斯保护动作,表明油箱有少量气体产生的轻微故障,一般作用于信号,以表示变压器运行不正常。其原因主要是在变压器的加油、滤油、换油或换硅胶过程中有空气进入油箱,或由于温度下降或漏油,油面降低,或轻瓦斯回路发生接地、绝缘损坏等故障,检查变压器的温度、音响、油面及电压、电流指示情况,如未发现异常,应收集继电器顶部气体进行故障判别,如果收集的气体为空气,值班人员将继电器内的气体排出,变压器可继续运行;如果为可燃气体,且动作频繁,则应先汇报上级,按命令处理;如果无气体,变压器也无异常,则可能是二次回路存在故障,值班人员应将重瓦斯暂接信号位置,并将情况报告有关负责人,待命处理。

重瓦斯保护动作的原因及处理:变压器的重瓦斯保护动作跳闸的原因是变压器内部发生严重故障,或穿越性短路故障。处理的原则是对变压器上层油温、外部特征、防爆喷油等进行检查,如有备用变压器,应立即投入,并报告上级。另外要收集气体判别故障,如果气体不可燃,则可考虑试送电。如果瓦斯继电器内无气体,外部也无异常,则可能是瓦斯继电器二次回路存在故障,但在未证实变压器良好以前,不得试送电。如果是内部故障,应按规定拉开各侧开关,并采取安全措施,等待抢修。

二、瓦斯保护的原理接线图

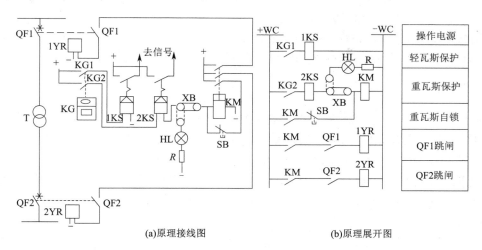

(a)原理接线图　　　　　　　　(b)原理展开图

图 8-4　变压器瓦斯保护原理图

图 8-4(a)中 KG 为瓦斯继电器,1KS、2KS 为信号继电器,KM 为带串联自保持电流线圈的中间继电器。轻瓦斯动作时,上触点 KG1 闭合,发出轻瓦斯信号给 1KS。而重瓦斯动作时,下触点 KG2 闭合,由 2KS 发出重瓦斯信号,继电器启动 KM 动作,该继电器电流线圈通过其接点以及按钮使电流线圈自保持,同时接通变压器两侧的断路器跳闸回路。

由于重瓦斯保护是按油的流速大小动作的,而油的流速在故障中往往是不稳定的。所以重瓦斯动作后必须有自保持回路,以保证有足够的时间使断路器可靠跳闸。为此 KM 中间继电器采用了具有串联自保持电流线圈。

在变压器的加油或换油后及气体继电器试验时,为防止重瓦斯误动作,可利用连接片 XB 使重瓦斯暂时改接到信号位置即可。

三、瓦斯继电器的整定及应用

轻瓦斯保护的动作值是按气体的容积来整定的,一般整定的范围在 $250 \sim 300 \ cm^3$。气体容积的调整是通过改变平衡锤的位置来实现的。

重瓦斯保护的动作值是按油流的流速表示,一般整定范围在 $0.6 \sim 1.5 \ m/s$(指在瓦斯继电器安装的导管油流的速度)。

变压器在运行中,对于内部故障,往往无法及时辨别和采取措施,当瓦斯保护动作后,还应从瓦斯继电器上部排气口采集气体,根据气体颜色、化学成分、可燃性等,对轻、重瓦斯保护动作的原因和故障的性质作进一步的分析。

变压器本体内的绝缘物体有木质绝缘体,主要起到固定或者分接开关的连杆作用;纸质的绝缘体主要用于绕组的绝缘、绝缘挡板等;还有变压器油,主要起绝缘和冷却的作用。当变压器内有过热故障导致这些绝缘体分解,不同的绝缘体的分解物是不同的,从其颜色和燃烧性质可以判断故障的部位。

气体的采集一般是将专用玻璃瓶倒置,使瓶口靠近瓦斯继电器的放气阀来收集气体。如果收集到的气体无色无味,且不能点燃,说明是油内排出空气所致;如果收集到的气体为黄色,且不易点燃,说明变压器的木质部分出现了故障;如果所收集的气体为淡黄色并带强烈臭味,又可燃烧,则表明是纸质部分故障;如果气体为灰色或黑色易燃气体,则为绝缘油故障。

判别气体是否可燃时,对室外变压器可直接打开瓦斯继电器的放气阀,点燃从放气阀排出的气体,若为可燃气体,沿气流方向将看到明亮的火焰。试验时应注意,为了确保安全,在油开始外溢前必须及时关闭放气阀。从室内变压器收集的气体,应置于安全地点进行点燃试验。判别气体有颜色时动作必须迅速,否则颜色很快就会消失,得不到正确结果。

四、反事故措施

瓦斯继电器有时会发生误动作,因此应采取一定的反事故措施:

1. 将瓦斯继电器的下浮筒式改为挡板式,这样可以提高重瓦斯动作的可靠性。

2. 瓦斯继电器引出线应采用耐油绝缘线。

3. 瓦斯继电器的引出线和通往室内的二次电缆应经过接线箱。在箱内端子排的两侧,引线应接在下面,电缆应接在上面,以防电缆绝缘被油侵蚀;引线排列应使重瓦斯跳闸端子与正极隔开。

4. 处理假油位时,注意防止瓦斯继电器误动。

5. 瓦斯继电器的端盖部分及电缆接线端子箱应有防雨措施。

6. 对新投入的瓦斯继电器的浮筒应作密封试验,在运行中应进行定期试验。

7. 如果使用塑料电缆,应注意检查是否有被老鼠、白蚂蚁咬坏等情况。

8. 瓦斯继电器动作后,如果不能明确判别是不是变压器内部故障所致,就应立即收集瓦斯继电器内聚积的气体,通过鉴别气体的性质,做进一步判别。

五、小　　结

瓦斯保护的主要优点是:动作迅速,灵敏度高,接线和安装简单,能反映变压器油箱内部各种类型的故障,特别是当变压器绕组匝间短路的匝数很少,故障回路电流虽然很大,可能造成严重过热,而反映到外部的电流变化却很小的情况,瓦斯保护具有很高的灵敏度,对于切除这类故障具有特别重要的意义。

瓦斯保护的缺点是:不能反映外部套管和引出线的短路故障,因此瓦斯保护不能作为变压器各种故障的惟一保护,还必须与其他保护装置配合使用。另外瓦斯保护抵抗外界干扰的性能较差,例如剧烈的震动就容易误动作。如在安装瓦斯继电器时继电器不能很好地防水,就有可能漏油腐蚀电缆绝缘或继电器进水而造成误动作。

第三节　变压器纵联差动保护

一、变压器纵联差动保护的原理

变压器的纵联差动保护(以下简称纵差保护)是利用比较变压器各侧电流的大小和相位原理构成的一种保护装置,它能反映变压器油箱内部与套管、引出线及套管上的各种故障,并能予以瞬时切除。是变压器的主保护。

变压器纵差保护是按照循环电流原理构成的,当变压器内部故障时应可靠动作,而当变压器空载合闸、正常运行、外部出现短路故障时均不动作。

图 8-5 所示为双绕组变压器纵差保护原理接线图,在变压器高低压侧均设置了电流互感器,流过差动继电器中的电流等于两侧电流互感器的二次电流之差,由于变压器高压侧和低压

侧的额定电流不同,应适当选择两侧电流互感器的变比,使变压器正常运行或外部故障时,流过继电器的电流基本为零。其中电流互感器 TA1、TA2 二次侧电流为:

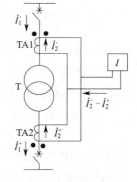

$$\dot{I}'_2 = \dot{I}''_2 = \frac{\dot{I}'_1}{K_{i1}} = \frac{\dot{I}''_1}{K_{i2}} \qquad (8\text{-}1)$$

$$\frac{K_{i2}}{K_{i1}} = \frac{\dot{I}''_1}{\dot{I}'_1} = n_{\text{T}} \qquad (8\text{-}2)$$

式中 K_{i1}、K_{i2}——电流互感器 TA1、TA2 的变比;

n_{T}——变压器的变比。

图 8-5　变压器纵差
保护原理接线图

若上述条件满足,则当正常运行或外部故障时,流入差动继电器的电流为

$$\dot{I}'_k = \dot{I}'_2 - \dot{I}''_2 = 0 \qquad (8\text{-}3)$$

当变压器内部故障时,流入差动继电器的电流为

$$\dot{I}'_k = \dot{I}'_2 + \dot{I}''_2 \qquad (8\text{-}4)$$

为了保证动作的选择性,差动继电器的动作电流 I_{op} 应按躲开外部短路时出现的最大不平衡 $I_{\text{dsq}\cdot\text{max}}$ 电流来整定,即:

$$I_{\text{op}} = K_{\text{rel}} I_{\text{dsq}\cdot\text{max}} \qquad (8\text{-}5)$$

式中 K_{rel}——可靠系数,一般大于 1。

从式(8-5)可见,不平衡电流 $I_{\text{dsq}\cdot\text{max}}$ 愈大,继电器的动作电流也愈大,$I_{\text{dsq}\cdot\text{max}}$ 太大,就会降低内部短路时保护动作的灵敏度,因此,减小不平衡电流及其对保护的影响,是变压器纵差保护要解决的主要问题。

如图 8-6 所示为 Y,d11 结线变压器纵差保护接线图。

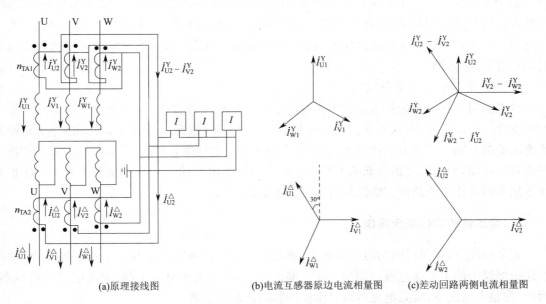

(a)原理接线图　　　(b)电流互感器原边电流相量图　　　(c)差动回路两侧电流相量图

图 8-6　Y,d11 结线变压器纵差保护接线图和相量图

二、不平衡电流产生的原因及改善措施

1. 变压器正常运行时由励磁电流引起的不平衡电流

变压器正常运行时,励磁电流为额定电流的 $3\% \sim 5\%$。当外部短路时,由于变压器电压降低,此时励磁电流更小,因此,在整定计算中可以不考虑。

2. 变压器各侧电流相位不同也会引起的不平衡电流

图 8-6 所示变压器 Y,d11 联结为例,变压器两侧电流的相位差为 30°,如图 8-6(b)所示,如果两侧电流互感器采用相同的接线方式,即使两侧电流数值相同,也会产生不平衡电流。因此,必须补偿由于两侧电流相位不同而引起的不平衡电流。具体方法是变压器星形接线侧的电流互感器接成三角形接线,三角形接线侧的电流互感器接成星形接线,如图 8-6(a)所示。进行相位补偿后,电流相量图如图 8-6(c)所示,流过差动继电器的高压侧电流 $I_{U_2}^Y - I_{V_2}^Y$,$I_{V_2}^Y - I_{W_2}^Y$,$I_{W_2}^Y - I_{U_2}^Y$,与低压侧电流 $I_{U_2}^Y$,$I_{V_2}^Y$,$I_{W_2}^Y$ 正好同相位。30°的相位差已经补偿,但采用此接线后,高压侧保护臂中电流比该侧互感器二次侧电流大 $\sqrt{3}$ 倍,为使正常负荷时两侧保护臂中电流接近相等,故高压侧电流互感器变比应比低压侧增大 $\sqrt{3}$ 倍。

3. 电流互感器计算变比与实际变比不同

变压器高、低压两侧电流的大小是不相等的。为要满足正常运行或外部短路时,流入继电器差回路的电流为零,则应使高、低压侧流入继电器的电流相等,则高、低压侧电流互感器变比的比值应等于变压器的变比。但实际上由于电流互感器在制造上的标准化,往往选用的是与计算变比相接近而且较大的标准变比的电流互感器。这样,由于变比的标准化使得其实际变比与计算变比不一致,从而产生不平衡电流。电流互感器变比误差的影响,采用 BCH 型差动继电器,通过调整差动继电器平衡线圈的匝数来补偿,而在微机保护中是利用平衡系数进行自动调整。

4. 变压器各侧电流互感器型号不同

由于变压器各侧电压等级和额定电流不同,所以变压器各侧的电流互感器型号不同,其饱和特性、励磁电流(归算至同一侧)也就不同,从而在差动回路中产生较大的不平衡电流。电流互感器型号不同的影响采用提高保护装置的动作电流来消除,即在计算保护装置的动作电流时,引入同型系数即可。

5. 变压器带负荷调节分接头

变压器带负荷调节分接头是电力系统中电压调整的一种方法,改变分接头就是改变变压器的变比。整定计算中,纵差保护只能按照某一变比整定,选择恰当的平衡线圈减小或消除不平衡电流的影响。当纵差保护投入运行后,在调压抽头改变时,一般不可能对纵差保护的电流回路重新操作,因此又会出现新的不平衡电流。不平衡电流的大小与调压范围有关。保护装置采用提高动作电流值的方法以躲过不平衡电流的影响。

三、变压器的励磁涌流影响

正常情况下,变压器的励磁电流很小,通常只有变压器额定电流的 $3\% \sim 6\%$ 或更小,故纵差保护回路中的不平衡电流也很小。在外部短路时,由于系统电压下降,励磁电流也将减小,因此,在稳态情况下,励磁电流对纵差保护的影响常常可忽略不计。

但是,在电压突然增加的特殊情况下,例如在空载投入变压器或外部故障切除后恢复供电等情况下,就可能产生很大的励磁电流,其数值可达额定电流的 $6 \sim 8$ 倍。这种暂态过程中出

现的变压器励磁电流通常称为励磁涌流。由于励磁涌流的存在,常常导致纵差保护误动作。

根据实验结果及理论分析可知,励磁涌流具有以下 3 个特点:

(1)励磁涌流很大,其中含有大量的直流分量。

(2)励磁涌流中含有大量的高次谐波,其中以二次谐波为主。

(3)励磁涌流的波形有间断角 α,如图 8-7 所示。

根据上述励磁涌流的特点,变压器纵差保护常采用下述措施:

①采用带有速饱和变流器的差动继电器构成纵差保护。在差动继电器之前接入速饱和变

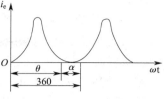

图 8-7　励磁涌流波形的间断角

流器时,其大量的直流分量使速饱和变流器迅速饱和,因而在其二次侧感应电势较小,不会使继电器动作。

②利用二次谐波制动的差动继电器构成纵差保护。在变压器内部故障或外部故障的短路电流中,二次谐波分量所占比例较小。而当空载投入变压器而产生励磁涌流时,变压器上只有电源侧有电流,利用其中二次谐波形成制动电压,构成二次谐波制动的纵差保护,使之有效地躲过励磁涌流的影响。

③采用鉴别波形间断角的差动继电器构成纵差保护。

四、二次谐波制动的差动继电器

为了能够可靠地躲过外部故障时的不平衡电流和励磁电流,同时又能提高变压器内部故障时的灵敏性,在变压器纵差保护中广泛采用具有比率制动和二次谐波制动的差动继电器。

1. 二次谐波制动的纵差保护原理接线图

如图 8-8 所示为二次谐波制动的纵差保护原理接线图。主要包括下面 4 个部分。

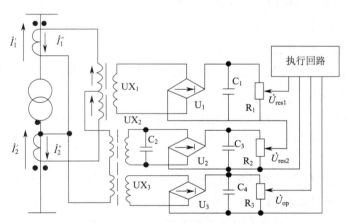

图 8-8　二次谐波制动的纵差保护原理接线框图

(1)比率制动回路

比率制动是指继电器的动作与否与制动电流的大小有关,制动电流愈大,动作电流愈大,动作电流与制动电流之比为制动系数,记作 K_{res},比率制动回路由电抗变换器 UX_1、整流桥 U_1、电容 C_1 和电阻 R_1 组成,当正常运行或外部故障时,流经 UX_1 原边两个线圈的电流同方向,可得到 $\dot{I}_1'' + \dot{I}_2''$,此电流经 UX_1 变换后在其二次线圈上产生一个与之成正比的制动电压,再经整流变换及滤波电容 C_1,在 R_1 上形成制动电压 U_{res1},该电压数值较大,对执行回路起制动作用,故保护装置不会动作。而制动系数 K_{res} 的大小则可以通过调节 R_1 来改变。

当变压器内部故障时,两侧电流中总有一侧电流要反向(双侧电源时)或消失(单侧电源时),因此 UX_1 原边电流减小,副边的感应电势相应减小,所以制动作用大大减弱,保护装置将动作。

（2）二次谐波制动回路

二次谐波制动回路由电抗变换器 UX_2、电容 C_2、整流桥 U_2、电容 C_3 和电阻 R_2 组成。当励磁涌流通过时,由于电流中含有较高的二次谐波分量,在电抗变 UX_2 二次线圈的电感 L 与电容 C_2 构成二次谐波并联谐振回路,对二次谐波呈现很大的阻抗,因此输出电压较高。因此经 C_3 滤波后的二次谐波制动电压 U_{res2} 较大,可以利用调节 R_2 来改变 U_{res2} 的大小。

比率制动电压 U_{res1} 和二次谐波制动电压 U_{res2} 在电路中是相叠加的,其合成电压称为总制动电压 U_{res},即 $U_{res}=U_{res1}+U_{res2}$。

（3）差动回路

差动回路是由电抗变 UX_3、整流桥 U_3、电容 C_4 和电阻 R_3 组成。由于电抗变 UX_3 的一次线圈接在差电流 $\dot{I}''_1-\dot{I}''_2$ 回路中,因此 R_3 上的抽取电压 U_{op} 即为反映差电流大小的继电器动作电压,调节 R_3 即可改变继电器动作电流的大小。

（4）执行回路

执行回路是反映动作电压 U_{op} 与制动电压 U_{res} 的比较结果。当 $U_{res}>U_{op}$ 时,继电器不动作;当 $U_{op}>U_{res}$ 时,继电器应能可靠动作。

2. 二次谐波制动的差动保护的工作原理

（1）正常运行及外部故障

正常运行或外部故障时,比率制动电压 U_{res1} 较大(UX_1 原边电流为 $\dot{I}_1+\dot{I}_2$),二次谐波制动电压 U_{res2} 较小(短路电流中的二次谐波分量较小),其总制动电压 U_{res} 仍较大。而此时差动回路中的动作电压 U_{op} 较小(UX_3 原边电流为 $\dot{I}_1-\dot{I}_2$,数值较小),故 $U_{res}>U_{op}$,继电器不会动作。

（2）变压器内部故障

当双侧电源的变压器内部故障时,总有一侧电流要改变方向,即 UX_1 原边电流 $\dot{I}_1$ 和 $\dot{I}_2$ 方向相反,各自产生的磁通在 UX_1 铁芯中相抵减,故副边感应电势较小,比率制动电压 U_{res1} 很小。而此时 UX_2 原边电流等于($\dot{I}_1+\dot{I}_2$),其数值较正常运行时显著增大;又由于短路电流中的二次谐波分量很小,其二次谐波制动电压 U_{res2} 并不大,制动作用很不明显,$U_{res}=U_{res1}+U_{res2}$ 也比较小,UX_3 原边电流与 UX_2 相同,因此差动回路中基波动作电压 U_{op} 较大。故此时 $U_{op}>U_{res}$,继电器能可靠动作。

若是单侧电源的变压器内部故障时,由于只在变压器一侧有电流,因此三个电抗变换器原边流过相同电流,对继电器的动作条件最不利,但只要适当调节比率制动回路输出电压 U_{res1}（约等于 U_{res}），即可使 $U_{op}>U_{res}$,从而保证继电器能够可靠动作。

（3）励磁涌流情况下继电器的制动作用

当空载投入变压器而产生励磁涌流时,此时变压器上只有电源侧有电流,因此与单侧电源的变压器相类同。但由于励磁涌流中含有较高的二次谐波分量,因此二次谐波制动电压很大,致使总制动电压 U_{res} 大于差动回路中动作电压 U_{op},所以继电器不会动作,从而可有效地躲过励磁涌流的影响。

五、纵差保护的整定计算

1. 纵差保护动作电流的整定

（1）躲过电流互感器二次回路断线时引起的差动电流

变压器某侧电流互感器二次回路断线时，另一侧电流互感器的二次电流全部流入差动继电器中，此时引起保护误动。有的纵差保护采用断线识别的辅助措施，在互感器二次回路断线时将纵差保护闭锁。若没有断线识别措施，则纵差保护的动作电流必须大于正常运行情况下变压器的最大负荷电流，即

$$I_{op}=\frac{K_{rel}}{K_{re}}I_{L·max} \tag{8-6}$$

式中　　K_{rel}——可靠系数，一般取 1.3；

　　　　K_{re}——返回系数，取 0.85；

　　$I_{L·max}$——变压器最大负荷电流。

（2）躲过保护范围外部短路时的最大不平衡电流

$$I_{unb·max}=(K_{st}\times 10\%+\Delta u+\Delta f)\frac{I_{k·max}}{k_i} \tag{8-7}$$

式中　　10%——电流互感器容许的最大相对误差；

　　　　K_{st}——电流互感器的同型系数，取为 1；

　　　　Δu——变压器带负荷调压所引起的相对误差，取电压调整范围的 50%；

　　　　Δf——互感器变比与计算值不同时所引起的相对误差，一般取 0.05；

　　$\dfrac{I_{k·max}}{k_i}$——保护范围外部最大短路电流折算到二次侧的值。

（3）躲过变压器的最大励磁涌流

$$I_{op}=K_{rel}K_N I_N \tag{8-8}$$

式中　　K_{rel}——可靠系数，取 1.3～1.5；

　　　　K_N——励磁涌流的最大倍数（即励磁涌流与变压器额定电流的比值），一般取 4～8；

　　　　I_N——变压器的额定电流。

上面 3 个条件计算纵差保护的动作电流，选取最大值作为保护的整定值。所有电流都要折算到电流互感器的二次侧值。对于 Y，d11 联结的三相变压器，在计算故障电流和负荷电流时，要注意变压器 Y 侧电流互感器的接线方式，通常在变压器 d 侧计算较为方便。

2. 动作时间的整定

采用瞬动方式，保护动作不延时。

3. 纵差保护灵敏系数的校验

$$K_s=\frac{I_{k·min}}{I_{op}} \tag{8-9}$$

式中　　$I_{k·min}$——为各种运行方式下变压器内部故障时，流经差动继电器的最小差动电流，即采用在单侧电源供电时，系统在最小运行方式下，变压器发生短路时的最小短路电流。

按要求灵敏系数一般不小于 2，当不能满足要求时，则需采用具有制动特性的差动继电器。必须指出，即使灵敏系数校验能满足要求，但对变压器内部的匝间短路、轻微故障等，纵差保护往往不能迅速、灵敏地动作。运行经验表明，在此情况下，常常都是瓦斯保护先动作，然后待故障进一步发展，纵差保护才动作。显然可见，纵差保护的整定值越大，则对变压器内部故障的反映能力越低。

第四节　变压器的其他保护

为了防止外部短路引起的过电流，以及作为变压器纵差保护、瓦斯保护的后备保护，变压器还

应装设后备保护。后备保护既是变压器主保护的后备保护,同时兼有母线或线路后备保护的作用。

根据变压器容量、重要性以及系统短路电流的大小,变压器的后备保护可采用过电流保护、低电压启动的过电流保护、过负荷保护、电流速断保护、零序过电流保护等。

一、变压器的过电流保护

过电流保护主要是作为变压器外部故障、内部故障的后备保护以及下一级线路的后备保护。其单相原理接线如图 8-9 所示,工作原理与线路定时限过电流保护相同,过电流保护动作后,跳开变压器两侧的断路器。

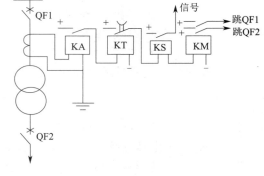

过电流保护的启动电流按躲过变压器可能出现的最大负荷电流来整定,即

$$I_{op} = \frac{K_{rel}}{K_{re}} I_{L \cdot max} \qquad (8\text{-}10)$$

式中　　K_{rel}——可靠系数,一般取 $1.2 \sim 1.3$;

　　　　K_{re}——返回系数,取 $0.85 \sim 0.95$;

　　$I_{L \cdot max}$——变压器可能的最大负荷电流。

图 8-9　变压器过电流保护单相原理接线图

保护的动作时间时限应比相邻元件保护的最大动作时间大一个阶梯时限 Δt。

保护的灵敏系数校验如下:

$$K_s = \frac{I_{kmin}^{(2)}}{I_{op}} \qquad (8\text{-}11)$$

式中　　$I_{kmin}^{(2)}$——灵敏系数校验点的最小两相短路电流。

作为近后备保护,取变压器低压侧母线为校验点,要求 K_s 不低于 $1.5 \sim 2.0$;作为远后备保护,取相邻线路末端为校验点,要求 $K_s \geqslant 1.2$。当灵敏度不能满足要求时,应采取低压启动或复合电压启动的过电流保护来提高灵敏系数。

二、低电压启动的过电流保护

低电压启动的过电流保护原理接线如图 8-10 所示。保护的启动元件包括电流继电器和低电压继电器。

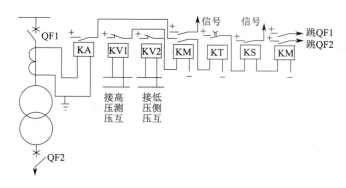

图 8-10　低电压启动的过电流保护原理接线图

电流继电器的动作电流按躲过变压器的额定电流 $I_{N \cdot T}$ 整定,即:

$$I_{op} = \frac{K_{rel}}{K_{re}} I_{N \cdot T} \qquad (8\text{-}12)$$

低电压继电器的动作电压 U_{op} 可按躲过正常运行时最低工作电压整定,即

$$U_{op} = \frac{U_{w \cdot min}}{K_{rel} K_{re}} \qquad (8\text{-}13)$$

式中　$U_{w \cdot min}$——母线最低工作电压,一般取 $0.9U_{N \cdot T}$;

K_{rel}——可靠系数,一般取为 $1.2 \sim 1.3$;

K_{re}——返回系数,取为 $0.85 \sim 0.95$。

若低电压启动的过电流保护的低电压继电器灵敏系数不满足要求,可采用复合电压启动的过电流保护,其原理接线如图 8-11 所示。

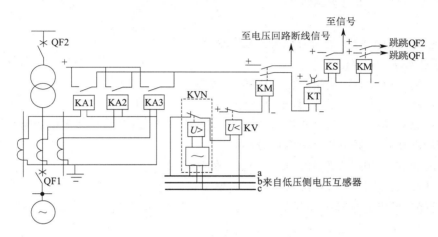

图 8-11　复合电压启动的过电流保护原理接线图

该保护由 3 部分组成。

(1)电流元件:由接于相电流的继电器 KA1～KA3 组成。

(2)电压元件:反映不对称短路的负序电压继电器 KVN(内附有负序电压过滤器)和反映对称短路接于相间电压的低电压继电器 KV 组成。

(3)时间元件:时间继电器 KT 构成。

保护装置动作情况如下:当发生不对称短路时,故障相电流继电器动作,同时负序电压继电器动作,其常闭接点断开,致使低电压继电器 KV 失压,常闭接点闭合,启动闭锁中间继电器 KM。相电流继电器通过 KM 常开接点启动时间继电器 KT,经整定延时启动信号和出口继电器,将变压器两侧断路器断开。

当发生三相对称短路时,由于短路初始瞬间也会出现短时的负序电压,使 KVN 动作,KV 继电器也随之动作,待负序电压消失后,KVN 继电器返回,则 KV 继电器又接于线电压上,由于三相短路时,三相电压均降低,故 KV 继电器仍处于动作状态,此时,保护装置的工作情况就相当于一个低电压启动的过电流保护。

负序电压继电器的启动电压按躲开正常运行情况下,负序电压过滤器输出的最大不平衡电压 $U_{N \cdot T}$ 来整定。

$$U_{2 \cdot op} = (0.06 \sim 0.12)U_{N \cdot T} \qquad (8\text{-}14)$$

复合负序电压启动的过电流保护,由于其负序电压整定值比较小,因此对于不对称短路,其灵敏系数比较高。

三、变压器的过负荷保护

变压器的过负荷运行在多数情况下三相是对称的,因此过负荷保护只要装设两相或单相即可,变压器的过负荷保护装置用于反映变压器的过负荷运行状态,若变压器的各相负荷不对称,此时过负荷保护应装在牵引变压器的重负荷相上,接线图如图8-12所示。

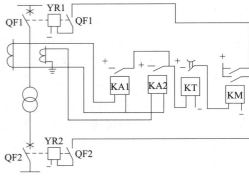

图 8-12　变压器过负荷保护接线图

过负荷保护的安装侧,应根据保护能反映变压器各侧绕组可能过负荷情况来选择,具体如下:

(1)对双绕组升压变压器,装于发电机电压侧。

(2)对一侧无电源的三绕组升压变压器,装于发电机电压侧和无电源侧。

(3)对三侧有电源的三绕组升压变压器,三侧均应装设。

(4)对于双绕组降压变压器,装于高压侧。

(5)仅一侧电源的三绕组降压变压器,若三侧绕组的容量相等,只装于电源侧;若三侧绕组的容量不等,则装于电源侧及绕组容量较小侧。

(6)对两侧有电源的三绕组降压变压器,三侧均应装设。

装于各侧的过负荷保护,均经过同一时间继电器作用于信号。

过负荷保护的动作电流的整定原则:按躲过变压器的额定电流 $I_{N \cdot T}$ 整定,即

$$I_{op} = \frac{K_{rel}}{K_{re}} I_{N \cdot T} \tag{8-15}$$

式中　K_{rel}——可靠系数,取 1.05;

　　　K_{re}——返回系数,取 0.85;

　　　$I_{N \cdot T}$——保护安装处变压器侧的额定电流。

过负荷保护动作延时,应大于变压器的过电流保护的动作时间和电动机的启动时间,一般取 5～10 s。

四、电流速断保护

变压器的电流速断保护是反映电流增大而瞬时动作的保护。装于变压器的电源侧,对变压器内部、外部套管及引出线上各种类型的短路进行保护,其接线简单,动作迅速。它适用于容量在 10 MV·A 以下较小容量的变压器,当过电流保护时限大于 0.5 s 时,可在电源侧装设电流速断保护,其原理接线如图 8-13 所示。

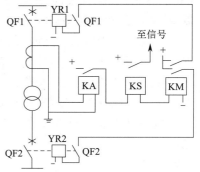

图 8-13　变压器电流速断保护
原理接线图

1. 电流速断保护的整定计算

(1)按躲开变压器负荷侧短路时的最大短路电流 $I_{k \cdot max}$ 来整定,即

$$I_{op} = K_{rel} I_{k \cdot max} \tag{8-16}$$

式中　K_{rel}——可靠系数,取 1.2～1.3。

（2）躲过励磁涌流。根据实际经验，以保护安装处变压器的额定电流 $I_{N.T}$ 来整定，即

$$I_{op} = (3\sim4)I_{N.T} \tag{8-17}$$

按上两式条件计算，选择其中较大值作为变压器电流速断保护的动作电流。

2. 灵敏度校验

按变压器电源侧短路时，流过保护的最小短路电流 $I_{k.min}^{(2)}$ 校验，即

$$K_s = \frac{I_{k.min}^{(2)}}{I_{op}} \geqslant 2 \tag{8-18}$$

五、零序电流保护

在大接地电流系统中，对中性点直接接地的牵引变压器，为防止进线侧（母线、变压器线圈及引出线）上发生的接地短路故障，应装设中性点零序过电流保护，作为变压器的后备保护，保护用电流互感器装设在中性点接地线上，如图 8-14 所示。

1. 动作电流的整定

保护装置的动作电流与系统的运行方式、中性点接地数目与位置等有关，同时考虑与相邻元件零序电流保护的配合，但一般可按下式整定：

$$I_{op} = \frac{K_{rel}}{K_{re}} I_N \times 70\% \tag{8-19}$$

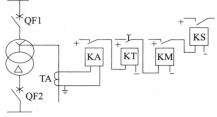

图 8-14　零序电流保护接线图

式中　　K_{rel}——可靠系数，取 1.2；

　　　　K_{re}——返回系数，取 0.85；

　　　　I_N——变压器中性点接地侧额定电流。

2. 保护装置动作时间的整定

保护装置的动作时间应与进线零序电流保护装置相配合。

3. 灵敏度校验

保护装置的灵敏度应按进线始端发生接地短路故障进行校验，即

$$K_s = \frac{3I_{0.min}}{I_{op}} > 2 \tag{8-20}$$

式中　　$I_{0.min}$——进线始端接地故障时，流过保护装置安装处的最小零序电流。

六、过热保护

过热保护是由温度继电器测量牵引变压器油箱内上层油温，当温度超过 55℃时，启动风扇电机，对变压器进行风冷；若温度继续升高，达到 70℃时，过热保护动作，发出变压器过热信号（光字牌信号）。

七、变压器不正常运行、故障情况下的处理

1. 变压器不正常运行

变压器在运行中如果过负荷，可能出现电流指示超过额定值，有功、无功功率表指示增大，或出现变压器"过负荷"信号、"温度高"信号和音响报警等信号。值班人员发现上述异常现象或信号，应按以下述步骤处理：

（1）恢复警报，汇报上级，并作好记录。

（2）及时调整变压器的运行方式，若有备用变压器，应立即投入。

（3）及时调整负荷的分配，与用户协商转移负荷。

（4）如属正常过负荷，要可根据正常过负荷的倍数确定允许时间，若超过时间，应立即减小负荷；同时，要加强对变压器温度的监视，不得超过允许温度值。

（5）如属事故过负荷，则过负荷的允许倍数和时间，应按制造厂规定执行。

（6）对变压器及相关系统进行全面检查，若发现异常，应立即汇报领导并进行处理。

2. 变压器故障跳闸

变压器故障，断路器跳闸后，应按以下步骤处理：

（1）变压器自动跳闸后，值班人员应投入备用变压器，调整负荷和运行方式，保持运行系统及其设备处于正常状态。

（2）检查保护掉牌属于何种保护及动作是否正确。

（3）了解系统有无故障及故障性质。

（4）如属差动、重瓦斯或速断过流等保护装置动作，故障时又有冲击作用，则需要对变压器停电进行详细检查，并测定绝缘电阻。在未查清原因以前，禁止将变压器投入运行。

（5）详细记录故障情况、时间和处理过程。

（6）查清和处理故障后，应迅速恢复正常运行方式。

八、变压器保护接线的原理展开图

图 8-15 绘出了 35 kV 变压器保护接线的原理展开图，分为交流展开图和直流展开图两部分。其中交流部分主要为交流电流回路，包括差动保护、过电流、过负荷的电流测量回路；直流回路部分有差动、过电流、瓦斯、温度等保护继电器动作过程的展开电路。

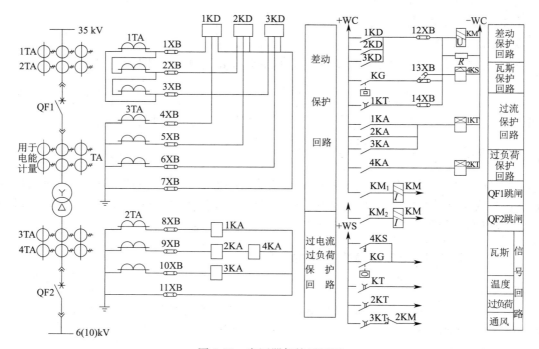

图 8-15　变压器保护展开图

习题与思考题

1. 电力变压器可能出现哪些故障和不正常运行状态？变压器应装设哪些保护？

2. 何谓变压器的内部故障和外部故障？

3. 在瓦斯保护二次回路图 8-3 中：

(1)出口继电器为什么要采用带电流自保持线圈的中间继电器 KM？

(2)切换片 XB 起何作用？

(3)为什么变压器纵差保护不能代替瓦斯保护？

4. 试比较线路、变压器纵差保护有哪些异同。

5. 何谓变压器的励磁涌流？其主要特征是什么？

6. 简述变压器纵差保护中不平衡电流产生的原因及减小不平衡电流影响的措施。

7. Y,d11 联结变压器纵差保护用的电流互感器应如何连接？试用外部故障来分析这种连接方式的必要性。

8. 关于变压器纵差保护中的不平衡电流,回答下列问题：

(1)与差动电流在概念上有何区别与联系？

(2)哪些是由测量误差引起的？哪些是由变压器结构和参数引起的？

(3)哪些属于稳态不平衡电流？哪些属于暂态不平衡电流？

(4)减少不平衡电流的措施有哪几种？

9. 变压器的纵联差动保护的动作值是按什么原则确定的？

10. 为什么说复合电压启动的过电流保护具有较高的灵敏度？

11. 变压器比率制动的差动继电器绕组的接线原则是什么？

12. 若三相变压器采用 YN,y12 联结组别,纵差保护电流互感器能否采用单相变压器的接线方式,并说明理由。

第九章　牵引变压器微机保护

第一节　概　述

一、牵引变压器的结线方式

牵引变压器是牵引变电所的重要电气设备,其功能是将电力系统电源三相电 110 kV 或 220 kV 转换为单相 27.5 kV 电压,提供给电力机车电能。这种三相—单相转换以及牵引负荷等特殊要求,使得牵引变压器的结构类型与结线方式远比一般电力系统的变压器复杂得多,主要有以下几种方式。

1. 单相结线变压器

此种结线方式下直接采用单相变压器,变压器容量利用率高,可达 100%;主接线简单,设备少,占地面积小,投资少。但不能供三相负荷用电,单相牵引负荷产生的负序电流较大。

2. V,v 结线变压器

V,v 结线变压器相当于两相单组变压器分别接入三相电源,主结线较简单,设备较少,投资较省。对电力系统的负序影响比单相结线少,可实现接触网双边供电。V,v 结线变压器有单相结线与三相结线之分,后者有利于实现变压器有载调压。

3. 三相 YN,d11 结线变压器

三相 YN,d11 结线变压器制造相对简单,经济性好,可实现接触网双边供电。但牵引变压器容量不能得到充分利用,只能达到额定容量的 70% 多,主接线较为复杂。

4. 斯科特(Scott)结线变压器

斯科特(Scott)结线变压器具有特殊绕组连接,以减小对系统三相不对称的影响,其优点是当副边两臂电流对称(即电流幅值大小相等,相位相差 90°)时。原边三相对称,牵引变压器容量利用率高,对接触网可实现双边供电。但斯科特结线牵引变压器制造难度较大,造价较高,经济性较差。

5. YN,▽ 结线平衡变压器

YN,▽ 结线平衡变压器包括阻抗匹配平衡变压器、平衡变压器和非阻抗匹配结线平衡变压器,其特点是在变压器的副边▽一侧外加平衡绕组或补偿绕组,并通过改变绕组的结构和参数,使变压器原边三相电流对称,其设计及制造难度比较大。

由于以上变压器结线的差异很大,对变压器微机保护装置的适应性也提出了较高的要求,目前微机保护装置通过软件设计可以适用于上述不同结线的牵引变压器保护,并与变压器的监控系统等共同构成牵引变压器的保护及测控装置。

二、变压器微机保护测控装置的基本功能

与传统的保护装置相比,变压器微机保护功能是利用计算机技术来实现,保护系统采用了高性能的多 CPU(32 位)结构,因此装置能够完成保护、测量、控制等多种功能。主要功能

如下：

1. 变压器微机保护功能：包括差动速断保护、二次谐波制动的三段比率差动保护、瓦斯保护、零序过电流保护、低电压启动过电流保护、二段式三相过负荷保护，高压侧失压保护，高低压侧电压互感器二次侧断线检测、压力保护、二段式温度保护、油位保护等。

2. 遥测功能：变压器高低压侧电压、电流、有功功率、无功功率、功率因数等参数的测量。

3. 遥控功能：变压器高低压侧断路器、进线隔离开关、变压器中性点隔离开关、进线侧联络母线隔离开关的分、合闸操作。

4. 遥信功能：变压器高低压侧断路器、进线隔离开关、变压器中性点隔离开关、进线侧联络母线隔离开关的分合闸状态。

5. 数据记录功能：负荷录波及故障录波功能。

6. 自检功能：装置能进行硬件、软件的自检、通信自检等。

7. 网络通信功能。

第二节　变压器微机保护装置的硬件构成

一、变压器微机保护装置的硬件构成

微机保护的硬件结构如图 9-1 所示。

保护装置采用插件式结构，主要由交流变换插件、保护插件、监控插件、信号插件、接口插件等组成，各单元在电气及结构上均相互独立。现将各部分功能简述如下：

1. 交流变换插件

交流变换插件提供电压、电流输入通道，电压、电流交流量经变换后，通过有源低通滤波、采样保持电路、多路选择开关、16 位精度的 A/D 转换器转换后送到保护插件。

2. 保护 CPU 插件

保护 CPU 插件原理如图 9-2 所示。

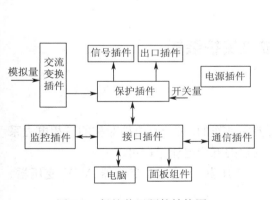

图 9-1　保护装置硬件结构图

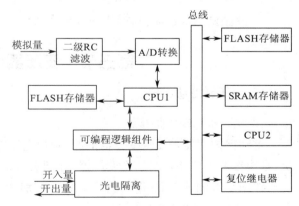

图 9-2　保护 CPU 插件原理简图

保护 CPU 插件是实现保护功能的核心，主要完成模拟量的采集、数据处理、定值存储、开关量输入/输出等功能，主机系统由微处理器 CPU2（32 位）、FLASH 存储器、SRAM 存储器构成。能实现各种复杂的故障处理方案，通过内部专用 CAN 网络与 MMI 监控面板之间进行高速通信，使事件得到快速响应。

3. 监控插件

监控 MMI 系统由微处理器 CPU、RAM、ROM、FLASH、MEMORY、串行 EEPROM 和硬件时钟构成,完成键盘处理、液晶显示、保护报文存储及和变电站自动化系统的通信等功能。可记录录波数据的故障报告 20 份,事件数不少于 128 条,而且信息在装置掉电时均不丢失。

插件的显示窗口采用液晶显示器,人机界面清晰易懂,配以通用的键盘操作方式,人机对话操作方便、简单。

4. 通信插件

通信插件包括 16 路开关量的输入,提供双 CAN 网、RS422/485 和 RS232 等通信接口。通过 CAN 网可与变电站自动化系统进行联机运行;通过 RS232 连接 PC 机,同时可以借助 PC 机的强大功能及配置的专用调试软件包对保护装置进行各种性能测试。

5. 信号插件

信号插件由若干信号继电器构成,主要提供不同保护动作的指示信号。

6. 出口插件

该插件提供断路器跳闸脉冲信号,接至断路器操作机构箱。

7. 电源插件

电源插件提供了四组稳压电源,有+5V 及+24V 电源各两组。+5V 电源中一组供给保护 CPU 系统,一组供给监控 MMI 系统;而+24V 中一组用于驱动继电器,另一组用于驱动外部开关量输入。四组电源均不共地,接地方式采用浮空法,与外壳绝缘。

二、变压器微机保护硬件技术特点

1. 采用高性能 32 位单片机硬件平台;
2. 采用 16 位 A/D 转换和有源滤波技术的高精度数据采集系统;
3. 双 CAN 网、EIU-422/485 和 RS232C 等通信接口;
4. 支持 DL/T667—1999(IEC60870—5—103)等通信规约;
5. 液晶显示及打印,易操作的人机界面。

第三节　变压器微机保护装置

一、变压器差动保护

1. 变压器差动保护接线

差动保护主要是反映变压器的原、副边电流之差而动作的,对于原边接对称的三相电力系统,副边接两个单相负荷的主变压器,分别引入原、副边的五个电流量即可。

如图 9-3、图 9-4、图 9-5、图 9-6 所示分别为平衡变压器、Y_N,d11 变压器、V/V 变压器、Scott 变压器差动保护接线。

保护装置采集变压器高压侧电流 $\dot{I}_U$、$\dot{I}_V$、$\dot{I}_W$,低压侧电流 $\dot{I}_\alpha$、$\dot{I}_\beta$(在某些变压器的结线方式中,也很难区分相别,故将变压器输出两臂电流用 $\dot{I}_\alpha$、$\dot{I}_\beta$ 表示)。为了在变压器正常运行情况下或外部短路故障时,流入电流继电器的差电流基本为零,不仅要适当选择电流互感器的变比,而且要适当选择互感器的接线方式,来实现高、低压侧之间差动电流的平衡。

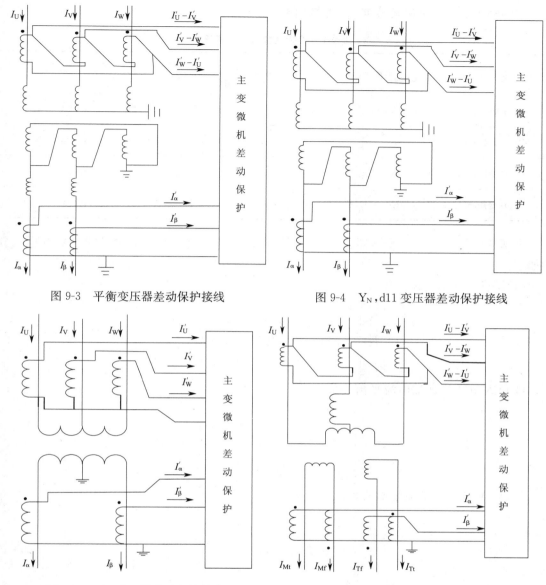

图 9-3　平衡变压器差动保护接线　　　　　　图 9-4　Y_N,d11 变压器差动保护接线

图 9-5　V/V 变压器差动保护接线　　　　　　图 9-6　Scott 变压器差动保护接线

　　牵引变压器副边两臂电流相对于原边三相绕组电流处于极不平衡的状态,因此可以利用变压器高低压两侧电流互感器变比进行平衡,但由于电流互感器的计算变比与实际选用变比不同,以及变压器原边为三相,副边只有两相的不对称关系。故原副边实际流入保护装置的电流是不平衡的,为此需利用保护中的计算机软件进行平衡,当变压器的变比为 K,原副边电流互感器变比分别为 K_1、K_2 时,计算出平衡系数 $K_{ph} = \dfrac{K_1 K}{K_2}$,将 K_{ph} 输入保护装置,并编制相应的软件程序进行自动平衡调整,消除不平衡电流的影响。

　　平衡系数 K_{ph} 是为平衡由电流互感器引入保护的实际差电流与理论值的差异而引入的,以单相变压器为例,I_1、I_2 为变压器原副边额定电流,则平衡系数为:

$$K_{ph} = \frac{I_2/K_2}{I_1/K_1} = \frac{I_2}{I_1} \cdot \frac{K_1}{K_2} = K \frac{K_1}{K_2} \qquad (9\text{-}1)$$

不同结线变压器平衡系数 K_{ph} 的计算如表 9-1 所示。

表 9-1　平衡系数整定一览表

变压器	平衡系数	变压器变比 K	
		110 kV	220 kV
平衡变压器	$K_{Ph}=\dfrac{KK_1}{K_2}$	$K=\dfrac{4}{\sqrt{2}}$	$K=\dfrac{8}{\sqrt{2}}$
YN,d11 变压器	$K_{Ph}=\dfrac{KK_1}{K_2}$	$K=\dfrac{4}{\sqrt{3}}$	$K=\dfrac{8}{\sqrt{3}}$
V/V 变压器	$K_{Ph}=\dfrac{KK_1}{K_2}$	$K=4$	$K=8$
Scott 变压器	$K_{Ph}=\dfrac{2KK_1}{K_2}$	$K=2$	$K=4$

平衡变压器、YN,d11 变压器、V/V 变压器、Scott 结线变压器差动保护的平衡方程式分别如下：

（1）平衡变压器电流平衡关系

$$\begin{bmatrix} \dot{I}'_{U} \\ \dot{I}'_{V} \\ \dot{I}'_{W} \end{bmatrix} = \frac{1}{K_{ph}} \begin{bmatrix} 1.366 & -0.366 \\ -0.366 & 1.366 \\ -1 & -1 \end{bmatrix} \begin{bmatrix} \dot{I}'_{\alpha} \\ \dot{I}'_{\beta} \end{bmatrix} \tag{9-2}$$

（2）YN,d11 变压器电流平衡关系

$$\begin{bmatrix} \dot{I}'_{U} \\ \dot{I}'_{V} \\ \dot{I}'_{W} \end{bmatrix} = \frac{1}{K_{ph}} \begin{bmatrix} 1 & 0 \\ 0 & 1 \\ -1 & -1 \end{bmatrix} \begin{bmatrix} \dot{I}'_{\alpha} \\ \dot{I}'_{\beta} \end{bmatrix} \tag{9-3}$$

（3）V/V 变压器电流平衡关系

$$\begin{bmatrix} \dot{I}'_{U} \\ \dot{I}'_{V} \\ \dot{I}'_{W} \end{bmatrix} = \frac{1}{K_{ph}} \begin{bmatrix} 1 & 0 \\ 0 & 1 \\ -1 & -1 \end{bmatrix} \begin{bmatrix} \dot{I}'_{\alpha} \\ \dot{I}'_{\beta} \end{bmatrix} \tag{9-4}$$

（4）Scott 结线变压器电流平衡关系

$$\begin{bmatrix} \dot{I}'_{U} \\ \dot{I}'_{V} \\ \dot{I}'_{W} \end{bmatrix} = \frac{1}{K_{ph}} \begin{bmatrix} 1 & -\sqrt{3} \\ 1 & \sqrt{3} \\ -2 & 0 \end{bmatrix} \begin{bmatrix} \dot{I}'_{\alpha} \\ \dot{I}'_{\beta} \end{bmatrix} \tag{9-5}$$

（5）以 V/V 结线变压器为例，设定 $\dot{I}'_{u}=\dot{I}'_{\alpha}$、$\dot{I}'_{v}=\dot{I}'_{\beta}$、$\dot{I}'_{w}=\dot{I}'_{\alpha}+\dot{I}'_{\beta}$，则差动电流为

$$I_{CDU}=|\dot{I}'_{U}-\dot{I}'_{u}| \tag{9-6}$$

$$I_{CDV}=|\dot{I}'_{V}-\dot{I}'_{v}| \tag{9-7}$$

$$I_{CDW}=|\dot{I}'_{W}-\dot{I}'_{w}| \tag{9-8}$$

（6）制动电流为

$$I_{ZDU} = 0.5 |\dot{I}'_U + \dot{I}'_u| \qquad\qquad (9\text{-}9)$$

$$I_{ZDV} = 0.5 |\dot{I}'_V + \dot{I}'_v| \qquad\qquad (9\text{-}10)$$

$$I_{ZDW} = 0.5 |\dot{I}'_W + \dot{I}'_w| \qquad\qquad (9\text{-}11)$$

式中　　　　K_{ph}——平衡系数；

$\dot{I}_U$、$\dot{I}_V$、$\dot{I}_W$，$\dot{I}_u$、$\dot{I}_v$——变压器高、低压侧各相电流相；

I_{CDU}、I_{CDV}、I_{CDW}——变压器各相差动电流；

I_{ZDU}、I_{ZDV}、I_{ZDW}——变压器各相制动电流。

2. 比率差动保护工作原理

电流互感器的原副边一次侧电流增大时，其励磁电流分量越大，铁芯越饱和，二次侧测量电流的误差就会增大，不平衡电流随之增大。因此当变压器外部故障时，变压器高、低压侧的电流互感器的二次侧会产生很大的不平衡电流，此时保护装置整定动作电流应躲过不平衡电流，造成动作电流较大，但却影响了保护的灵敏性。为此采用比率差动保护原理，保护装置的动作电流随着外部的短路电流按比率增大，其中比率是指差动电流与制动电流之比，这样既能保证在变压器外部故障时差动保护动作的可靠性，又能保证在内部故障时动作的灵敏性。

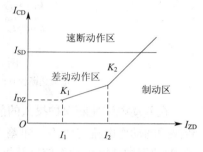

图 9-7　比率差动保护特性曲线

二次谐波制动的三段式比率差动保护特性如图 9-3 所示，图中表示三个区域：差动速断动作区、比率差动动作区和制动区。

（1）在差动动作区内，比率差动保护的动作条件的判定分为 3 个部分：

$$\begin{cases} I_{CD} \geqslant I_{DZ} & \text{当 } I_{ZD} \leqslant I_1 \\ I_{CD} - K_1(I_{ZD} - I_1) \geqslant I_{DZ} & \text{当 } I_1 \leqslant I_{ZD} \leqslant I_2 \\ I_{CD} - K_1(I_2 - I_1) + K_2 I_2 - K_2 I_{ZD} \geqslant I_{DZ} & \text{当 } I_{ZD} > I_2 \end{cases} \qquad (9\text{-}12)$$

式中　　I_{ZD}——差动保护的制动电流；

　　　　I_{DZ}——差动保护的动作整定电流；

　　　　I_1——差动保护的制动电流 I 段整定值；

　　　　I_2——差动保护的制动电流 II 段整定值；

　　　　K_1——差动保护的 I 段整定系数，取 0.25～0.75；

　　　　K_2——差动保护的 II 段整定系数，取 0.25～0.75。

（2）在差动速断动作区内，差动保护动作判据为：

$$I_{CD} \geqslant I_{SD} \qquad\qquad (9\text{-}13)$$

式中　　I_{CD}——变压器差动电流；

　　　　I_{SD}——差动速断保护整定值。

（3）在制动区内，变压器空载投入或外部故障切除后电压恢复时，会产生励磁涌流，为避免差动保护误动作，增加二次谐波闭锁功能，当差动电流中的二次谐波电流大于一定值时，将保护可靠闭锁，其制动条件为：

$$\begin{cases} I_{CDU2} \geqslant K_{YL} I_{CDU} \\ I_{CDV2} \geqslant K_{YL} I_{CDV} \\ I_{CDW2} \geqslant K_{YL} I_{CDW} \end{cases} \qquad (9\text{-}14)$$

式中　　I_{CDU2}、I_{CDV2}、I_{CDW2}——U、V、W 相差动电流中的二次谐波电流；

I_{CDU}、I_{CDV}、I_{CDW}——U、V、W 相差动电流中的基波电流；

K_{YL}——二次谐波制动系数，取 0.1～0.7。

在变压器微机保护中，上述有制动特性的差动保护需经过相关的程序设计来实现。

二、变压器保护动作逻辑图

差动电流速断保护动作逻辑图如图 9-8 所示。

1. 差动电流速断保护

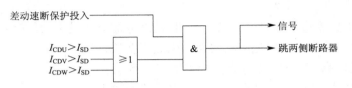

图 9-8　差动电流速断保护动作逻辑图

I_{SD}—电流速断保护的动作电流定值；I_{CDU}、I_{CDV}、I_{CDW}—变压器各相差动电流。

在差动电流速断保护投入的前提下，只要 U、V、W 三相中有一相差动电流大于差动电流速断保护的动作电流定值 I_{SD}，即差动速断保护动作判据是：当 $I_{CDU}>I_{SD}$ 或 $I_{CDV}>I_{SD}$ 或 $I_{CDW}>I_{SD}$ 时，差动保护就输出动作信号并将变压器两侧的断路器跳闸。

2. 二次谐波制动的比率差动保护

二次谐波制动的比率差动保护动作逻辑图如图 9-9 所示，其中 I_{ZD} 为差动保护动作电流，K_{ZD} 为比率制动系数，I_{ZDU}、I_{ZDV}、I_{ZDW} 分别为变压器各相制动电流，I_{CDU2}、I_{CDV2}、I_{CDW2} 分别为变压器各相差动电流的二次谐波电流。

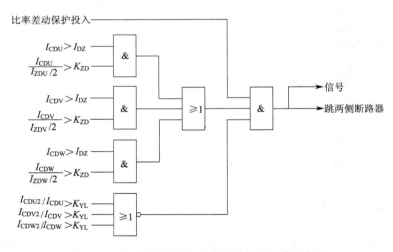

图 9-9　二次谐波制动的比率差动保护动作逻辑图

当各相差动电流大于动作电流 I_{DZ} 而小于速断动作电流 I_{SD}，并且制动作用较小时，比率差动保护动作；若变压器空载合闸，出现励磁涌流情况，则保护不动作。

在比率差动保护投入的前提下，比率差动保护的动作判据为：

$$I_{CDU} > I_{ZD} \quad 且 \quad I_{CDU} > K_{ZD} \cdot \frac{I_{ZDU}}{2}$$

$$或 \quad I_{CDV} > I_{ZD} \quad 且 \quad I_{CDV} > K_{ZD} \cdot \frac{I_{ZDV}}{2}$$

$$或 \quad I_{CDW} > I_{ZD} \quad 且 \quad I_{CDW} > K_{ZD} \cdot \frac{I_{ZDW}}{2}$$

同时在二次谐波制动信号无输出的情况下,保护装置动作,发出动作信号将变压器两侧的断路器跳闸。

当 I_{CDU2}/I_{CDU}、I_{CDV2}/I_{CDV}、I_{CDW2}/I_{CDW} 中一相的比例大于二次谐波制动系数 K_{YL}(取 0.2)时,表明电流中含有大量的二次谐波,此时判断为变压器出现励磁涌流情况,则形成二次谐波制动信号,将输出端与门关闭,不输出动作信号。谐波制动的判据为:

$$I_{CDU2}/I_{CDU} > K_{YL} 或 I_{CDV2}/I_{CDV} > K_{YL} 或 I_{CDW2}/I_{CDW} > K_{YL}$$

3. 零序过电流保护

图 9-10 所示为零序过电流保护动作逻辑图,在零序电流保护投入的情况下,当零序电流滤过器输出的三倍零序电流大于零序电流保护的动作值 I_{DZ} 时,即 $3I_0 > I_{DZ}$ 时,零序保护启动,经延时整定时间 T_0 后,发出动作信号。

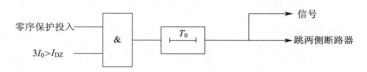

图 9-10　零序过电流保护动作逻辑图

4. 低电压启动的三相过电流保护

图 9-11 所示为低电压启动的三相过电流保护动作逻辑图,当变压器高压侧所测量电压 U_U 或 U_V 小于低电压整定值 U_{DY} 时,同时各相测量的电流 I_U、I_V、I_W 中有一相大于其对应三相过电流保护的整定值 I_{3GLU}、I_{3GLV}、I_{3GLW} 时,保护启动,延时整定时间 T_{3GL} 后,发出动作信号。

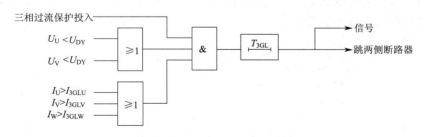

图 9-11　低电压启动的三相过电流保护动作逻辑图

5. 低电压启动的 u、v 相过电流保护

图 9-12、图 9-13 分别为 u 相、v 相过电流保护动作逻辑图 U_u、U_v 分别为低压侧 u 相、v 相测量电压值,U_{DY} 为低电压保护的动作电压整定值,I_{1GLu}、I_{1GLv} 为过电流保护动作电流整定值。以 u 相保护动作为例,当单相过流保护投入,当 $U_u < U_{DY}$,并且 $I_u > I_{1GLu}$ 时,则低压启动过电流保护启动,延时整定时间 T_{1GL} 后,发出动作信号,将 u 相断路器跳闸。v 相保护相同。

图 9-12　u 相低压启动过电流保护动作逻辑图　　　图 9-13　v 相低压启动过电流保护动作逻辑图

6. 两段式三相过负荷保护

图 9-14、图 9-15 过负荷 I 段、II 段保护动作逻辑图,以过负荷 II 段动作情况为例,其中 I_U、I_V、I_W 为高压侧测量三相电流,I_{FH2U}、I_{FH2V}、I_{FH2W} 分别为过负荷保护动作电流的整定值。在过负荷保护投入情况下,若三相电流 I_U、I_V、I_W 中有一相电流大于其对应整定值 I_{FH1U}、I_{FH1V}、I_{FH1W} 时,则过负荷保护启动,延时整定时间 T_{FH1} 后,发出动作信号,将变压器两侧断路器跳闸。

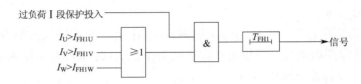

图 9-14　过负荷 I 段保护动作逻辑图

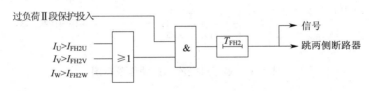

图 9-15　过负荷 II 段保护动作逻辑图

7. 高压侧失压保护

图 9-16 所示为失压保护动作逻辑图,其中 HWJ 为断路器合闸位置继电器,U_1 为变压器高压侧测量电压,U_{SY} 为失压保护动作电压的整定值,在失压保护投入情况下,高压侧断路器处于合闸位置时,若测量电压 U_1 低于整定值 U_{SY},则失压保护保护动作,经延时 T_{SY} 时间后,将断路器跳闸,并发出动作信号。

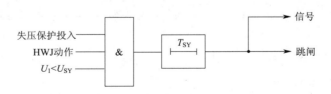

图 9-16　失压保护动作逻辑图

8. 高压侧电压互感器断线检测

图 9-17 所示为电压互感器断线检测信号动作逻辑图,正常情况下,高压侧测量电压 U_U、U_V、U_W,低压侧测量电压 U_u、U_v、U_w 大于断线闭锁整定值 U_{DX},此时无断线信号输出;当高压侧电压互感器二次侧断线时,U_U、U_V、U_W 低于断线闭锁整定值 U_{DX},而二次侧电压测量 U_u、U_v 高于断线闭锁整定值 U_{DX},于是在高压侧断路器处于合闸位置、电压互感器断线检测投入情况下,高压侧断线检测元件输出检测信号。

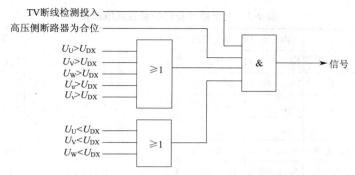

图 9-17　电压互感器断线检测信号动作逻辑图

9. 重瓦斯、温度Ⅱ段、压力保护(图 9-18)

瓦斯保护、压力保护为非电气量保护,采用瓦斯继电器、压力传感器实现测量保护的功能,当保护动作后,将信号输送给微机保护装置,由保护装置发动作指示信号并将断路器跳闸。

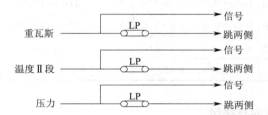

图 9-18　重瓦斯、温度Ⅱ段、压力保护动作示意图

10. 轻瓦斯、温度Ⅰ段、油位保护(图 9-19)

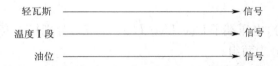

图 9-19　轻瓦斯、温度Ⅰ段、油位保护动作示意图

以上保护动作后均通过保护装置发出相关信号。保护整定整定计算原则详见第八章,其定值设置见表 9-3 变压器差动保护定值清单、表 9-3 变压器后备保护装置定值清单。

表 9-3　变压器差动保护定值清单

序号	名　称	内　容	整定范围	序号	名　称	内　容	整定范围
1	主变号	NO.=0001	0XXX	8	差动制动电流2	$I_{ZD2}=5A$	$(0.1\sim10)I_n$
2	平衡系数	$K_{PH}=1.04$		9	比率制动系数2	$K_{ZD2}=0.5$	$0.25\sim0.75$
3	二次谐波制动系数	$K_{LY}=0.2$	$0.1\sim0.5$	10	零序过电流保护定值	$I_{LX}=6A$	$(0.1\sim10)I_n$
4	差动速断电流定值	$I_{SD}=21A$	$(0.1\sim10)I_n$	11	零序过流时限	$T_{LX}=1s$	$0.01\sim9.99\,s$
5	差动动作电流定值	$I_{DZ}=1.1A$	$(0.1\sim10)I_n$	12	差动	投入	投入或退出
6	差动制动电流1	$I_{DZ1}=1.5A$	$(0.1\sim10)I_n$	13	差动速断	投入	投入或退出
7	比率制动系数1	$K_{ZD1}=0.5$	$0.25\sim0.75$	14	零序过流	投入	投入或退出

表 9-3　变压器后备保护装置定值清单

序号	名　称	内　容	整定范围	序号	名　称	内　容	整定范围
1	主变号	NO.=0001	0XXX	15	过负荷Ⅱ段 U 相电流定值	$I_{FH2U}=3$ A	$(0.2\sim2)I_n$
2	高压侧低电压定值	$U_{DH}=60$ V	$30\sim80$ V	16	过负荷Ⅱ段 V 相电流定值	$I_{FH2V}=3$ A	$(0.2\sim2)I_n$
3	低压侧低电压定值	$U_{DL}=60$ V	$30\sim80$ V	17	过负荷Ⅱ段 W 相电流定值	$I_{FH2W}=3$ A	$(0.2\sim2)I_n$
4	三相过流 U 相电流定值	$I_{3GLU}=5$ A	$(0.2\sim6)I_n$	18	过负荷Ⅱ段时限	$T_{FH2}=60$ s	$1\sim300$ s
5	三相过流 V 相电流定值	$I_{3GLV}=5$ A	$(0.2\sim6)I_n$	19	失压电压定值	$U_{SY}=30$ V	$0\sim80$ V
6	三相过流 W 相电流定值	$I_{3GLW}=5$ A	$(0.2\sim6)I_n$	20	失压时限	$T_{SY}=2$ s	$0.5\sim5$ s
7	三相过流时间	$T_{3GL}=1$ s	$0.5\sim5$ s	21	TV 断线电压定值	$U_{DX}=30$ V	$30\sim80$ V
8	u 相过流电流定值	$I_{1GLu}=6$ A	$(0.2\sim6)I_n$	22	三相过流保护	投入	投入或退出
9	v 相过流电流定值	$I_{1GLv}=6$ A	$(0.2\sim6)I_n$	23	U 相过流保护	投入	投入或退出
10	单相过流时限	$T_{IGL}=1$ s	$0.5\sim5$ s	24	V 相过流保护	投入	投入或退出
11	过负荷Ⅰ段 U 相电流定值	$I_{FH1U}=3$ A	$(0.2\sim2)I_n$	25	过负荷Ⅰ段保护	投入	投入或退出
12	过负荷Ⅰ段 V 相电流定值	$I_{FH1V}=3$ A	$(0.2\sim2)I_n$	26	过负荷Ⅱ段保护	退出	投入或退出
13	过负荷Ⅰ段 W 相电流定值	$I_{FH1W}=3$ A	$(0.2\sim2)I_n$	27	失压保护	投入	投入或退出
14	过负荷Ⅰ段时限	$T_{FH1}=30$ s	$1\sim300$ s	28	TV 断线检测	投入	投入或退出

三、变压器保护装置安装接线

变压器微机保护装置接线均设置在设备背面,以 WZB-65 型变压器微机保护测控装置为例,其部分接线端子图如 9-20 所示,主要端子功能介绍如下:

（一）模拟量输入

1. 端子排 $N_{o\cdot1}$ 部分,电压端子 U_{UV}、U_{VW}、U_{WU}，U_u、U_v 分别接入变压器的高低压侧的电压互感器的二次侧电压,分为两组。

2. 端子排 $N_{o\cdot1}$ 部分,电流端子 I_U、I_V、I_W，I_u、I_v 分别接入变压器的高低压侧的电流互感器的二次侧电流,分为两组。

（二）开关量输入

端子排 $N_{o\cdot4}$ 部分为开关量输入部分,其中 $1\sim10$ 端子为固定输入部分,接远方/就地选择操作方式。端子排 $N_{o\cdot5}$ 部分端子 $12\sim24$ 分别为合闸位置继电器、分闸位置继电器的辅助接点端子。

（三）非电气量保护动作信号输出

监视变压器运行的非电气量保护有重瓦斯、温度Ⅱ段、压力、轻瓦斯、油位、温度Ⅰ段,如变压器发生故障,保护装置在端子排 $N_{o\cdot6}$ 部分相应 $3\sim8$ 端子给出信号指示;若重瓦斯、温度Ⅱ段、压力有故障保护动作,则由 $16\sim21$ 端子接通断路器跳闸信号。

远方/就地选择操作方式;高压侧断路器位置、低压侧 u 相、v 相断路器的位置等,$11\sim23$ 接入其他开关量信号。

（四）断路器的合、分位置信号及跳闸

端子排 $N_{o\cdot5}$ 部分,变压器高低压侧三个断路器,其合闸位置继电器 HWJ、跳闸位置继电器 TWJ 信号共两组;在端子排 $N_{o\cdot6}$ 部分,有高低压侧断路器的跳闸信号一组。

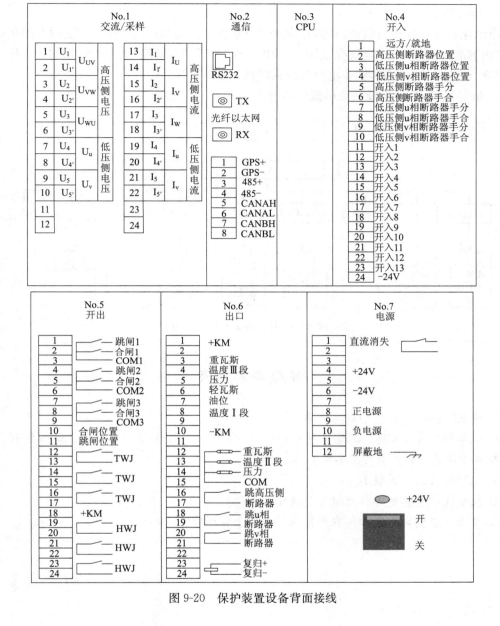

图 9-20　保护装置设备背面接线

四、变压器微机保护装置操作

如图 9-21 所示为 WBZ-652 型微机保护装置。

1. 操作键：主要完成对保护整定值的设置。

①"⏎"——回车键，表示确认功能；

②"Q"键——取消；

③"∨"、"∧"、"＜"、"＞"——方向键；

④"＋"键——增加；

⑤"－"键——减少；

⑥"复归"——信号复归。

图 9-21　WBZ-652 型微机保护装置操作面板图

2. 运行指示屏

指示保护装置的运行状态,有信号指示灯分别指示设备"运行、呼唤、过流保护、过负荷、非电量"内容故障跳闸时,呼唤灯亮;过电流保护动作时,其指示灯亮,而非电气量保护动作,如瓦斯、温度、油位保护动作时,则非电气量指示灯亮。

3. 液晶显示屏,开机画面菜单流程如图 9-22 所示。

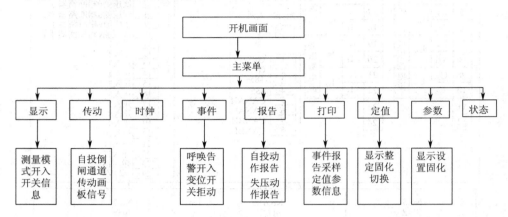

图 9-22　显示画面总体示意图

习题与思考题

1. 变压器微机保护的功能有哪些?

2. 试结合图 9-3 叙述二次谐波制动的比率差动保护的工作原理。比率制动系数 K_1 大小的调整对保护动作特性有什么影响?

3. 二次谐波制动系数 K_{YL} 的含义是什么?

4. 微机保护装置的操作面板可完成哪些操作?

5. 瓦斯保护的动作是如何在微机保护装置上体现的?

第十章　馈线微机保护测控装置

第一节　牵引网运行特点及保护方案

电气化铁道供电系统的牵引网是由馈电线、接触网、轨道、大地、回流线等构成,其主要作用是承担向电力机车输送电能的任务。牵引网虽然属于单相交流供电网,但相比较于电力系统的三相电网,牵引网结构复杂,密如蛛织,同时由于牵引负荷为移动负荷,接触网故障发生的几率较电力系统输电线路要频繁得多,图 10-1 所示为牵引网现场运行线路。

图 10-1　牵引网运行线路

在铁道电气化牵引供电系统中,常因供电设备绝缘不良,自然因素、机车运行等原因发生短路故障,将故障设备烧损;短路电流通过非故障设备时,由于发热和电动力的作用,也会使这些设备损坏或缩短寿命;短路时电压会大幅度降低,电力机车无法运行。因此,其危害性十分严重。此外,供电设备运行中还会出现过负荷、过热等不正常状态,为提高牵引供电系统的可靠性和供电质量,牵引变电所装设有完善的牵引网馈线保护装置,以及自动重合闸装置和接触网故障点测定等自动装置。

一、牵引网运行的特点

为了更好地实现对牵引网的继电保护任务,必须了解牵引网运行的特点,主要有:

1. 牵引网的结构复杂,运行环境条件差,发生故障的概率比较大

(1)所带负荷为高速运行的电力机车,受电力机车的受电弓冲击较大。

(2)为保证线路高弹性和小弛度,多采用链式悬挂,结构复杂。

(3)铁道站场线路横纵交错。

(4)穿越隧道,净空有限。

(5)工作环境污染大,受自然条件影响较大。

2. 牵引网负荷变化比较剧烈、负荷电流比较大

(1)机车的分布密度变化大。

(2)单台电力机车取流较大,负荷电流可达 300～600 A。

(3)电力机车属于移动负荷,负荷电流变化剧烈。

3. 牵引网线路的阻抗比较大

(1)一般输电线路的单位阻抗为 0.4 Ω/km;而单线牵引网的单位阻抗为 0.54 Ω/km;采用 BT 供电方式的牵引网,牵引网的单位阻抗还会增大 50％左右。

(2)牵引网阻抗大,短路电流小。

4. 负荷阻抗角较大,而短路阻抗角较小

(1)一般电力系统的负荷阻抗角约为 25°左右,由于电力机车的功率因数较低,牵引网的负荷阻抗角为 25°～40°,计算时多选取 37°。

(2)由于牵引网中阻抗的电阻较大,而输电线路阻抗的电阻成分较小,牵引网的短路阻抗角比一般输电线路的短路阻抗角小。

5. 负荷电流波形的畸变比较大

电力机车采用整流器后,会产生大量的三次谐波,三次谐波占基波的 10％～13％以上。最高时可达基波电流的 20％～30％。

鉴于以上特点,牵引网的保护多以四边形特性的距离保护为主保护,并结合自适应工作原理,同时利用谐波分量所占基波的比例对线路运行状况进行判断,从而提高保护的可靠性。电流保护一般只作为辅助保护。同时随着高速铁路的发展,目前馈线保护还采用电流增量保护,它既能反映最大稳态电流,同时反映短时电流的增量,可以减小电流整定值,提高灵敏度,延长保护范围,与谐波制动相配合,可以降低启动电流,缩短保护时间。

牵引网的保护主要设置在牵引变电所、开闭所、分区所,各设置点的保护之间互相配合,共同完成对牵引网的保护任务。

二、牵引网保护的基本方案

牵引网的供电方式不同,其保护方式也不同,本节主要介绍牵引网保护的基本解决方案。

1. 单线单边供电

图 10-2 所示为单线单边供电方式,此方式下,供电线路比较简单,相邻变电所之间没有电路连接,保护方案只针对本供电线路区段的故障。

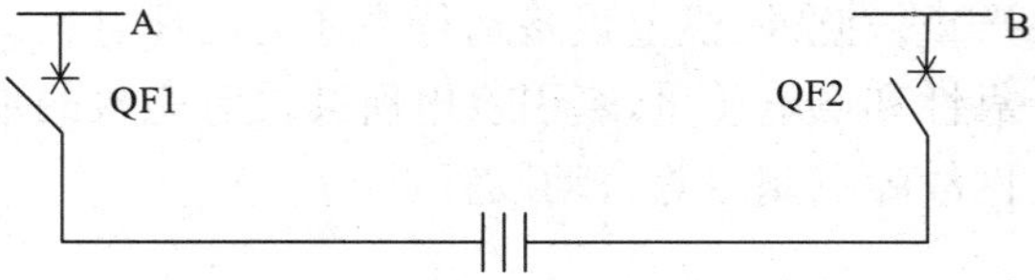

若采用电流保护,保护动作电流应躲过最大负荷电流 $I_{L.max}$,取灵敏系数为 1.5,可靠系数为 1.2,则要求:

$$I_{k.min} \geqslant 1.8 I_{L.max} \qquad (10-1)$$

图 10-2 单线单边供电方式

鉴于牵引网短路电流比较小,负荷电流比较大的特点,此条件很难满足,为此电流保护一般只能作为辅助保护,而应采用四边形特性的距离保护作为线路的主保护,保护范围到馈线线路的末端,动作阻抗的整定按照躲过最小负荷阻抗进行计算,灵敏系数要大于 1.5。

2. 单线双边供电

图 10-3 所示,牵引网由两侧电源 A、B 同时进行供电,分区所中的断路器 QF3 处于合闸状态,并设置保护装置。在电源 A、B 处,采用两段式保护。其中 I 段动作时间与机车保护的动作时间相配合,防止机车本身短路故障而造成保护误动作,机车保护的动作时间为 0.06～

0.08 s,因此馈线Ⅰ段保护动作时间一般取 0.1 s。保护Ⅱ段与分区所保护的动作时间相配合,一般取 0.3~0.5 s。

两段式保护的具体配置可采用以下方式:

(1)两段电流保护。Ⅰ段采用瞬时电流速断保护,Ⅱ段采用过电流保护。

(2)Ⅰ段采用瞬时电流速断保护,Ⅱ段采用距离保护。

(3)两段均采用距离保护。

分区所 C 处则可采用过电流保护。

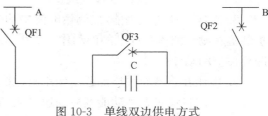

图 10-3　单线双边供电方式

3. 复线单边供电

如图 10-4 所示,当分区所断路器 QF5、QF6 及隔离开关 QS1、QS2 均断开的情况下,供电线路保护的方式与单线单边供电方式相同,若断路器 QF5、QF6 闭合,隔离开关 QS1、QS2 处于断开位置时,称为复线单边并联供电方式,在特殊情况下,也可以将断路器 QF5、QF6 断开,而隔离开关 QS1、QS2 闭合采用越区供电方式。

复线单边并联方式能有效减少接触网的电压损失,所以多采用此供电方式。在此供电方式下,变电所 A 的供电线路如图 10-5 所示,不难看出此供电方式与单线双边供电方式基本相同。

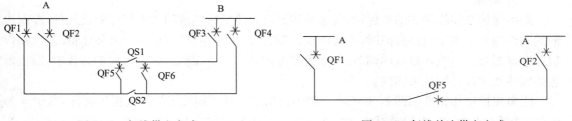

图 10-4　复线供电方式　　　　　　　　图 10-5　复线单边供电方式

复线单边并联供电保护方案中,采用两段距离保护,其中Ⅰ段保护经 0.1 s 快速动作,保护范围为是单线路全长的 80% 左右;Ⅱ段保护范围是整个线路的全长,即为两倍单线距离的长,动作时间与分区所保护动作时间相配合。如考虑越区供电时,Ⅱ段距离保护选择较长线路进行保护。

复线供电牵引网的短路阻抗要考虑两条牵引网的互阻抗,但在 BT 供电方式下,牵引网的自阻抗较大,故互阻抗可以忽略不计。

第二节　馈线微机保护测控装置

馈线微机保护装置是采用微型计算机技术,构成对牵引网线路的成套馈线保护、测距及控制装置,适用于电气化铁道不同供电方式下的牵引馈电线路,具有馈线保护、故障点自动测距及自动重合闸等功能,其硬件结构、装置特点与变压器微机保护装置相类似,故不再赘述。

一、馈线微机保护测控装置基本功能

1. 馈线保护功能:三段式谐波闭锁的自适应距离保护及距离Ⅱ、Ⅲ段的后加速保护,电流

速断保护,电流增量保护,谐波闭锁的过电流及后加速保护,三段式高阻接地保护,失压保护等;每种保护可以根据需要投入或退出。

2. 二次谐波闭锁功能:以测量电流中的二次谐波与基波含量之比作为闭锁条件,避免保护装置在励磁涌流情况下的误动作。当出现励磁涌流时,将闭锁过电流保护和三段式自适应距离保护的动作信号。

3. 电压互感器断线检测并闭锁距离保护、高阻接地保护功能。

4. 一次自动重合闸功能及后加速功能:装置设一次自动重合闸。当馈线发生瞬时性故障时,装置可发出一次重合动作信号;当馈线发生永久性故障时,断路器重合后,保护进行后加速动作使断路器跳闸。当短路电流大于 2 倍的电流速断定值时,闭锁重合闸功能。

5. 故障测距:采用分段线性化电抗逼近法原理测量故障点的距离。

6. 故障录波功能:装置可记录 20 份故障报告,断路器跳闸,重合闸再加速跳闸这一完整过程将记录于一份报告内。录波数据记录保护的启动、跳闸、重合闸等时刻的前 4 周波及后 10 周波的采样数据,该数据可储存、打印。

7. 记录功能:呼唤告警事件及开入变化事件;进行负荷总汇,记录一周内每小时的电流最大值、电压的最大值及最小值等。

二、馈线微机保护装置工作原理

1. 距离保护

距离保护是馈线保护的主保护,普遍采用具有自适应特性的四边形特性阻抗元件,即四边形的动作边界在发生短路故障时,不会改变。但在牵引、再生、机车启动及过分相情况下,动作边界会根据综合谐波含量自动调节,从而提高保护动作的可靠性。在微机保护装置中,四边形边界特性通过软件编程来实现。

距离保护动作特性如图 10-6 所示。图中绘出了两种不同装置的距离保护特性,其中 φ 为线路阻抗角,也为 BC 边的倾斜角,取 $60°\sim80°$, φ_1 为躲过涌流偏移阻抗角,取 $70°\sim85°$; φ_2 为容性阻抗偏移角,取 $10°\sim20°$; φ_L 为负荷阻抗角。

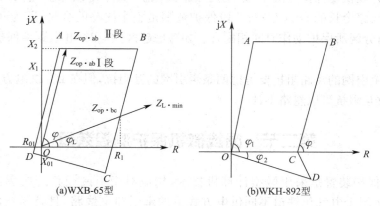

图 10-6　四边形阻抗元件动作值整定示意图

现以图 10-6(a)为例说明整定原则。
①AB 边阻抗的整定
整定原则:以Ⅰ段保护为例,按被保护线路末端短路时的最小阻抗来整定。

$$Z_{op \cdot ab} = K_{k \cdot ab} Z_{wL} \tag{10-2}$$

其中　　$K_{k \cdot ab}$——可靠系数,取 $1.1 \sim 1.2$;

　　　　Z_{wL}——被保护线路末端短路时的短路阻抗,即线路阻抗。

式中可靠系数 $K_{k \cdot ab}$ 大于1,是为确保短路故障时,测量的短路阻抗比整定阻抗小,继电器能可靠动作。在微机保护装置上整定时,需计算出 $Z_{op \cdot ab}$ 对应的电抗部分 X_1,于是:

$$X_1 = Z_{op \cdot ab} \sin \varphi \tag{10-3}$$

②BC 边阻抗的整定

整定原则:按线路最小负荷阻抗来整定,保证在最大负荷运行情况下保护不动作。

$$Z_{op \cdot bc} = K_{k \cdot bc} Z_{L \cdot min} \tag{10-4}$$

其中　　$K_{k \cdot bc}$——可靠系数,取 0.8;

　　　　$Z_{L \cdot min}$——线路最小负荷阻抗。

在微机保护装置上整定时,按 $Z_{op \cdot bc}$ 在 R 轴方向上的 R_1 分量进行整定。

$$R_1 = K_{k \cdot bc} Z_{L \cdot min} \left(\cos \varphi_l - \frac{\sin \varphi_l}{\tan \varphi} \right) \tag{10-5}$$

以上整定计算出 X_1、R_1,即确定了四边形阻抗保护的上边界、右边界,而其下边界、左边界通过键盘整定选择 X_{01}、R_{01},其整定值一般选为 -1Ω。

在采用交—直电力机车牵引的电气化铁道供电系统中,尤其是对于重载线路,牵引重负荷电流、机车再生制动电流、励磁涌流等情况下,会产生谐波电流,有可能导致常规距离保护的误动作,因此利用负荷电流中的综合谐波含量作为控制量,自适应地调节阻抗继电器的动作边界,若阻抗继电器的动作边界分别为 Z_{op},则自适应阻抗继电器的动作边界为:

$$Z'_{op \cdot ab} = \frac{1}{1 + K_{235}} Z_{op \cdot ab} \tag{10-6}$$

$$R'_{op \cdot bc} = \frac{1}{1 + K_{235}} R_{op \cdot bc} \tag{10-7}$$

式中　　$K_{235} = (I_2 + I_3 + I_5)/I_1$ 为综合谐波含量,其中 I_2、I_3、I_5 分别为二、三、五次谐波电流。

显然,当被保护线路发生短路故障时,由于其电流接近正弦,自适应阻抗继电器的动作边界不会改变;在牵引、再生、机车启动及过电分相分段等情况下,若 $K_{235} = 0.1$,动作边界自动缩小 10%;若 $K_{235} = 0.3$,动作边界自动缩小 23%。负荷电流中综合谐波含量越大,阻抗继电器的动作边界越小,从而提高了阻抗继电器躲过牵引重负荷、再生负荷、启动电流及励磁涌流的能力。

按照以上四边形特性阻抗继电器的整定方法,可以对Ⅱ段或Ⅲ段进行整定计算,如对复线双边供电情况下,设置Ⅱ或Ⅲ段距离保护时,保护的 AB 边界依据保护范围的不同而高低有别,但 BC 边界的整定相同。

2. 高阻接地故障检测

牵引网发生高阻接地时,其测量阻抗比金属性接地故障的测量阻抗高出许多,致使测量阻抗落在四边形动作区外,阻抗保护拒动,不能保证保护装置动作的可靠性。因此,保护装置中设置高阻接地故障检出元件,以保证在此情况下,保护能可靠地动作。根据接地故障阻抗的大小可以用以下两种方法检出。

(1)自适应 ΔI 元件

此方法主要用于判断接地阻抗值在 $0 \sim 170 \ \Omega$ 的接地故障。自适应元件 ΔI 元件的基本原理是比较短路故障前后基波电流增量 ΔI_1 与三次谐波电流增量 ΔI_3 的差值来判断是否高阻

接地故障,其表达式如下:

$$\Delta I = \Delta I_1 - K_U \cdot \Delta I_3$$
$$= (I_{1h} - I_{1q}) - K_U(I_{3h} - I_{3q})$$
$$= (I_{1h} - I_{1q}) - K_U(K_{3h}I_{1h} - K_{3q}I_{1q}) \tag{10-8}$$

式中　I_{1q}、I_{1h}——故障前后两时刻基波电流;

　　　I_{3q}、I_{3h}——故障前后两时刻三次谐波电流;

　　K_{3q}、K_{3h}——故障前后两时刻三次谐波含量;

　　　　K_U——增量系数,取 3.3。

ΔI 元件动作条件:

$$\Delta I \geqslant \Delta I_{op} \tag{10-9}$$

式中　ΔI_{op}——自适应元件的动作整定值。

当此条件满足时,即确定是高阻接地,发出动作信号。

从上述原理分析可知,当馈线在负荷运行情况下,发生短路故障时,短路电流不含三次谐波,$K_{3h}=0$,负荷电流中含有三次谐波,K_{3q} 较大,故 ΔI_3 减小,而故障后基波的增量 ΔI_1 较大,使自适应元件测量的 ΔI 迅速增大而动作。

在电力机车上装载功率补偿装置,若此装置在投入后三次谐波含量 K_{3h} 比投入前三次谐波含量 K_{3q} 要小,则 ΔI 增大,导致 ΔI 元件误动作,因此 ΔI 元件改进如下:

$$\Delta I = \Delta I_1 - K K_{235} \cdot \Delta I_{1h}$$
$$= (I_{1h} - I_{1q}) - K K_{235} \cdot \Delta I_{1h} \tag{10-10}$$

式中　K——自适应抑制系数。

显然,短路故障时,$K_{235}=0$,而故障后基波的增量较大,使自适应 ΔI 元件动作。若出现功率补偿装置投入时,由于此时考虑了是综合谐波含量,因此 ΔI 较小,ΔI 元件不会误动作。

(2)$R_e(Z_m)/I_m(Z_m)$ 元件

若故障电阻大于 170 Ω 时,则采用 $R_e(Z_m)/I_m(Z_m)$ 元件进行判断。该元件的基本原理是比较测量阻抗的实部 $R_e(Z_m)$ 与虚部 $I_m(Z_m)$。在正常负荷运行情况下,由于机车负荷和线路的感性特性以及负荷电流的畸变,$I_m(Z_m)$ 较大,而 $R_e(Z_m)/I_m(Z_m)$ 较小,即使机车装载功率因数补偿装置,$R_e(Z_m)/I_m(Z_m)$ 在瞬间可能较大,但时间很短;而当高阻接地故障时,电弧电阻很大,$R_e(Z_m)/I_m(Z_m)$ 会持续较大,该元件正是利用此特点进行高阻接地检测的,$R_e(Z_m)/I_m(Z_m)$ 检测元件动作条件如下:

$$\frac{I_1^2}{I_1^2 + I_2^2 + I_3^2 + I_5^2} \times \frac{R_e^2(Z_m)}{R_e^2(Z_m) + I_m^2(Z_m)} \geqslant K_{op}^2 \tag{10-11}$$

其中 K_{op} 根据机车和线路的情况而定,取 0.99～0.995;$K_1 = \dfrac{I_1^2}{I_1^2 + I_2^2 + I_3^2 + I_5^2}$ 为电流畸变系数,其值反映检测电流畸变的程度。在负荷情况下,畸变越严重,此值越小,检测元件不动作;而 $K_2 = \dfrac{R_e^2(Z_m)}{R_e^2(Z_m) + I_m^2(Z_m)}$ 为基波移相系数,是反映基波相移程度,其值在高阻接地故障时,电弧电阻很大,此值较大,会导致检测元件动作。当二者之乘积大于整定值时,则表明非负荷运行情况下基波相移程度较大,则判断为高阻接地故障,检出元件动作。

另外,针对 AT 供电方式,可采用电流比元件进行高阻接地判断。

3. 电流增量保护

该保护主要是依据电流在短时内的增量进行故障判断,同时要避免在谐波电流增大的情况下误动作,因此在其动作条件中的电流增量 ΔI 分两部分:动作电流 $I_1-I'_1$ 和制动电流 K_P $(I_2+I_3+I_5-I'_2-I'_3-I'_5)$。

动作条件:

$$\Delta I=I_1-I'_1-K_P(I_2+I_3+I_5-I'_2-I'_3-I'_5)\geqslant\Delta I_{DZ} \tag{10-12}$$

谐波闭锁条件: $$I_2/I_1\geqslant K_{YL} \tag{10-13}$$

式中　I_1、I'_1——当前和一周波前馈线基波电流;

I_2、I_3、I_5——当前二、三、五次谐波电流;

I'_2、I'_3、I'_5——一周波前二、三、五次谐波电流;

K_P——谐波加权抑制系数;

K_{YL}——二次谐波制动系数;

ΔI_{DZ}——电流增量保护整定值。

4. 过负荷保护

该保护可以选择定时限或反时限,定时限电流保护的特点是保护的动作时间一定,与故障电流的大小无关;而反时限电流保护的特点是当故障电流值越大,动作时间越小,对设备造成的损害也小。反时限保护又分为一般反时限、非常反时限、极端反时限。不同反时限动作时间均参考故障电流 I_k 与动作电流 I_{op} 之比,从而确定其动作时间。在 I_k/I_{op} 相同情况下,极端反时限保护的动作时间最短,而一般反时限动作时间最长。其算法分别如下:

(1)一般反时限

$$t=\frac{0.14}{(I_k/I_{op})^{0.02}-1}\cdot T \tag{10-14}$$

(2)非常反时限

$$t=\frac{13.5}{I_k/I_{op}-1}\cdot T \tag{10-15}$$

(3)极端反时限

$$t=\frac{80}{(I_k/I_{op})^2-1}\cdot T \tag{10-16}$$

式中　T——时间常数。

5. 过热保护

当馈线电流超过线路长期允许电流运行时,馈线温度增高,过热严重时线路会被烧熔甚至烧断。因此某些保护装置还设置接触网过热保护。

过热保护动作电流、延时时间及告警状态值的计算与多种因素有关,例如导线的材质、区域的自然条件及日照吸热量等有关,而且计算比较复杂,如保护检测 $I_{th}\%$ 来判断馈线过热情况,计算如下:

$$I_{th}\%=\frac{I^2}{I_{op}^2}\times(1-e^{-t/T})\times100\%+P\times e^{-t/T} \tag{10-17}$$

动作时间:

$$t=T_{TH}\times\ln\frac{(I/I_{op})^2-P}{(I/I_{op})^2-1.1} \tag{10-18}$$

式中　T_{TH}——热时间常数;

I_{op}——过热动作电流值;

I——馈线电流；

P——稳态热状态。

三、馈线微机保护装置各保护元件动作逻辑图

以下图中各符号的含义如下：

I_1、I_2——两路馈线测量电流；

U_1——测量电压；

I_{11}、I_{12}、I_{13}、I_{15}——1 回馈线电流 I_1 的基波、二次谐波、三次、五次谐波电流；

ΔI——电流基波电流的突变量；

HWJ——断路器合闸位置继电器。

1. 二次谐波闭锁的自适应阻抗 I 段保护

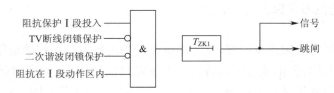

图 10-7　谐波闭锁的自适应阻抗 I 段保护动作逻辑图

图 10-7 为二次谐波闭锁的自适应阻抗 I 段方案框图，在阻抗保护 I 段投入情况下，电压互感器断线闭锁不动作，二次谐波闭锁不动作，同时短路故障出现在 I 段保护动作区内。则保护动作，延时 T_{Zk1} 时间后，输出动作信号及断路器跳闸信号。

2. 二次谐波闭锁的自适应阻抗 II 段及其后加速保护（阻抗 III 段相同）

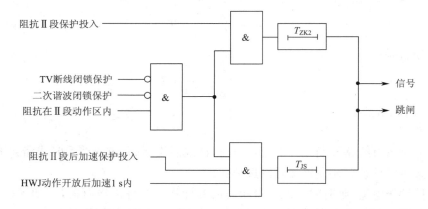

图 10-8　二次谐波闭锁的自适应阻抗 II 段及其后加速保护动作逻辑图

图 10-8 所示二次谐波闭锁的自适应阻抗 II 段保护动作与上述 I 段保护过程基本相同，保护范围及比 I 段保护要大，动作时间较长，当 II 段保护动作后，重合闸动作，使断路器重合闸，合闸位置继电器 HWJ 动作，此时，若故障仍存在，保护再次动作时，则保护在加速时间 T_{JS} 后动作，使断路器跳闸。

3. 电流速断元件

该保护主要是针对馈线出口处近点短路故障而设置的，作为距离保护的辅助保护，整定动作值要躲过馈线最大负荷电流和最大励磁涌流。其动作逻辑图 10-9 所示。

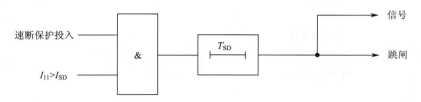

图 10-9　电流速断保护动作逻辑图

在速断保护投入情况下,当测量电流的基波分量 I_{11} 大于速断保护整定值 I_{SD} 时,保护动作延时 T_{SD} 速断动作时间后,保护输出动作信号及断路器跳闸信号。

4. 电流增量元件(图 10-10)

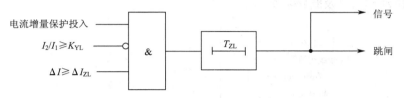

图 10-10　电流增量保护动作逻辑图

在电流增量保护投入、非励磁涌流情况下,当测量电流增量 ΔI 大于电流增量保护整定值 ΔI_{ZL} 时,保护输出动作信号及断路器跳闸信号。

5. 过电流元件

该保护作为距离保护的后备保护,保护线路的全长,整定动作值要求躲过馈线的最大负荷电流。其动作逻辑如图 10-11 所示。

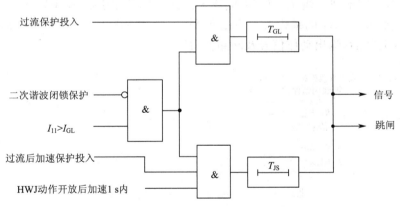

图 10-11　过电流保护动作逻辑图

在过电流保护投入情况下,二次谐波闭锁不动作,当测量电流的基波分量 I_{11} 大于过流保护整定值 I_{GL} 时,保护动作延时 T_{GL} 速断动作时间后,输出动作信号及断路器跳闸信号。

若当过流保护动作后,重合闸动作,使断路器重合闸,合闸位置继电器 HWJ 动作,此时,若故障仍存在,保护再次动作时,则保护在加速时间 T_{JS} 后动作,使断路器跳闸。

6. 高阻接地保护

如图 10-12 所示在高阻Ⅰ段保护投入情况下,当发生高阻接地故障,电流基波电流的突变量 ΔI 大于Ⅰ段高阻整定电流 I_{GZ1} 的 $1+K_{235}$ 倍时,保护启动,延时 T_{GZ1} 后,输出动作信号及断路器跳闸信号。

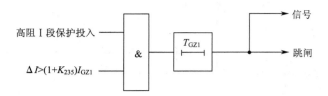

图 10-12　高阻接地 I 段保护动作逻辑图

如图 10-13 所示,在高阻 II 段保护投入情况下,电压互感器断线闭锁不动作,当发生高阻接地故障,电流基波电流 I_{11} 大于 II 段高阻整定电流 I_{GZ2QD},电流畸变系数,K_1 大于整定系数 K_{DZ1} 的平方,基波移相系数 K_2 与 K_1 的乘积大于 K_{DZ2} 的平方,且 $R>0,X>0$ 时,保护启动,延时 5 s 后,输出动作信号及断路器跳闸信号。

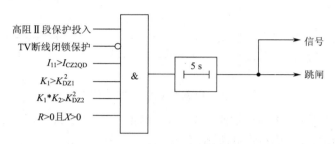

图 10-13　高阻接地 II 段保护动作逻辑图

如图 10-14 所示,在高阻 III 段保护投入情况下,电压互感器断线闭锁不动作,当发生高阻接地故障,电流基波电流 I_{11} 大于 II 段高阻整定启动电流 I_{GZ2QD} 电流畸变系数,K_1 大于整定系数 K_{DZ1} 的平方,二次谐波电流 I_{12} 与基波电流 I_{11} 之比大于吸馈电流比系数 M_{DZ},一般取 0.95,而基波移相系数 K_2 与 K_1 的乘积大于 K_{DZ2} 的平方,且 $R>0,X>0$ 两条件不满足时,保护动作,延时 100 s 时间后,输出动作信号及断路器跳闸信号。

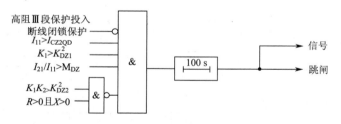

图 10-14　高阻接地 III 段保护动作逻辑图

7. 失压保护

失压保护逻辑框图如图 10-15 所示。

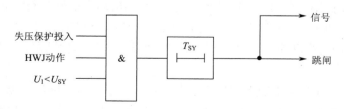

图 10-15　失压保护方案框图动作逻辑图

在失压保护投入情况下,断路器处于合闸位置,合闸位置继电器 HWJ 动作,当测量电压 U_1 低于低压保护整定值 U_{SY} 时,保护经 T_{SY} 失压动作延时时间后,输出动作信号及断路器跳闸信号。

8. 一次自动重合闸功能

一次自动重合闸动作逻辑框图如图 10-16 所示。

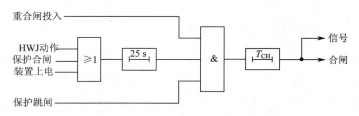

图 10-16　一次自动重合闸动作逻辑图

自动重合闸在电流速断保护、过电流保护、高阻接地Ⅰ段及阻抗Ⅰ、Ⅱ、Ⅲ段保护动作,保护跳闸后才有输出信号。而当高阻接地Ⅱ段保护、高阻接地Ⅲ段保护、失压保护动作时,重合闸不会动作。在重合闸投入的情况下,同时断路器处于合闸位置,合闸位置继电器 HWJ 动作、装置通电等条件满足时,重合闸启动,延时 T_{CH} 时间后,输出动作信号及断路器合闸信号。

9. 电压互感器断线检测

电压互感器断线检测逻辑框图,如图 10-17 所示。

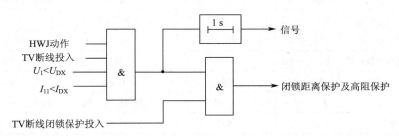

图 10-17　电压互感器断线检测逻辑图

当断路器处于合闸位置,合闸位置继电器 HWJ 动作,电压互感器断线投入,当 U_1 小于断线整定电压 U_{DX},而电流基波电流 I_{11} 小于整定断线电流 I_{DX},则判断为电压互感器断线,延时1 s时间后,发出动作信号。

10. 二次谐波闭锁判断

二次谐波闭锁判断逻辑图如图 10-18 所示。

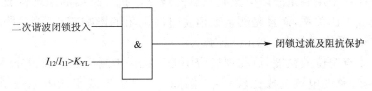

图 10-18　二次谐波闭锁判断逻辑图

在二次谐波闭锁投入的情况下,二次谐波电流 I_{12} 与基波电流 I_{11} 之比大于二次谐波制动系数 K_{YL} 时,闭锁装置输出动作信号。

WXB-65 型微机保护的定值清单如表 10-1 所示。

表 10-1　保护定值清单

序号	名称	内容	整定范围	序号	名称	内容	整定范围
0	馈线号	NO.＝0211	0×××	20	过流时间	$T_{GL}=0.5$ s	0.01 s～9.99 s
1	电流互感器变比	$K_i=120$	0～999	21	速断电流	$I_{SD}=15$ A	$(0.2\sim6)I_n$
2	电压互感器变比	$K_u=275$	0～999	22	速断时间	$T_{SD}=0.1$ s	0.01 s～9.99 s
3	二次谐波制动系数	$K_{YL}=0.2$	0.1～0.5	23	重合闸延时	$T_{CH}=2$ s	0.01 s～9.99 s
4	阻抗Ⅰ段偏移电阻定值	$R_{01}=-1\Omega$	$(-250\sim0)\Omega$	24	后加速延时	$T_{JS}=0.1$ s	0～0.5 s
5	阻抗Ⅰ段电阻定值	$R_1=4\Omega$	$(0\sim+250)\Omega$	25	电压互感器断线检测电压	$U_{DX}=60$ V	30～60 V
6	阻抗Ⅰ段偏移电抗定值	$X_{01}=-1\Omega$	$(-250\sim0)\Omega$	26	电压互感器断线检测电流	$I_{DX}=6$ A	$(0.2\sim6)I_n$
7	阻抗Ⅰ段电抗定值	$X_1=4\Omega$	$(0\sim+250)\Omega$	27	电流增量保护	$I_{ZL}=2$ A	$(0.2\sim2)I_n$
8	阻抗Ⅰ段时间	$T_{ZK1}=0.1$ s	0.01 s～9.99 s	28	电流增量保护时间	$T_{ZL}=0.5$ s	0.1～10 s
9	阻抗Ⅱ段偏移电阻定值	$R_{02}=-1\Omega$	$(-250\sim0)\Omega$	29	高阻接地Ⅰ段电流	$I_{GZ1}=2$ A	$(0.1\sim1)I_n$
10	阻抗Ⅱ段电阻定值	$R_2=6\Omega$	$(0\sim+250)\Omega$	30	高阻接地Ⅰ段时间	$T_{GZ1}=2$ s	0.01 s～9.99 s
11	阻抗Ⅱ段偏移电抗定值	$X_{02}=-1\Omega$	$(-250\sim0)\Omega$	31	高阻接地Ⅱ、Ⅲ段电流启动定值	$I_{GZ2QD}=0.7$A	$(0.1\sim1)I_n$
12	阻抗Ⅱ段电抗定值	$X_2=6\Omega$	$(0\sim+250)\Omega$	32	电流畸变系数	$K_{DZ1}=0.99$	0.99～0.995
13	阻抗Ⅱ段时间	$T_{ZK2}=0.5$ s	0.01 s～9.99 s	33	基波相移系数	$K_{DZ2}=0.99$	0.99～0.995
14	阻抗Ⅲ段偏移电阻定值	$R_{03}=-1\Omega$	$(-250\sim0)\Omega$	34	吸馈电流比系数	$M_{DZ}=0.95$	0.95
15	阻抗Ⅲ段电阻定值	$R_3=8\Omega$	$(0\sim+250)\Omega$	35	失压电压	$U_{SY}=40$ V	0～60 V
16	阻抗Ⅲ段偏移电抗定值	$X_{03}=-1\Omega$	$(-250\sim0)\Omega$	36	失压时间	$T_{SY}=0.5$ s	0.01～9.99 s
17	阻抗Ⅲ段电抗定值	$X_3=8\Omega$	$(0\sim+250)\Omega$	37	手合闭锁延时	$T_{SVS}=180$ s	0～999 s
18	阻抗Ⅲ段时间	$T_{ZK3}=1$ s	0.01 s～9.99 s	38	线路阻抗特性角	$Z_{KJD}=75°$	60°～80°
19	过流电流	$I_{GL}=8$ A	$(0.2\sim6)I_n$				

四、故障点距离测定

设置故障点测距(定位)装置,对于迅速判定线路故障点的位置、故障原因及性质,正确制定事故抢修方案,有着极为密切的关系,特别是瞬时性故障,若能尽早确定故障地点及原因,就可采取措施,以防事故重复或变成永久性故障。尤其是针对结构复杂,事故较为频繁,瞬时性故障几率较大的接触网线路,故障测距这一功能尤为重要。

故障点测距往往采用测量故障点至起测点的线路电抗—距离的原理构成,这不仅是因为线路距离与电抗成正比关系,而且是测量数值受过渡电阻的影响较小,测量距离误差小,一般最大不超过 500 m,平均误差在 300 m 以内。

为了提高故障点定位的精度,目前现场应用的微机保护测控装置采用分段线路,电抗逼近原理,因为接触网线路的电抗构成比较复杂,例如 BT 供电方式串入吸流变压器,AT 供电方式中并接自耦变压器等多种原因,造成线路电抗值的突变而呈现非线性状态,因此可以根据线路分布情况,将测量区段分成若干小分段,使其每一小段的阻抗接近线性状态。例如 WKH-892 型保护测距装置最多可分成 30 小段,WXB-65 型最多分成 20 段,整定时,首先输入分段的点数,然后再输入各段的起始点的线路一次电抗值和该点的距离,例如供电区段分为两个线性段,即三个点,第一个点的整定阻抗为 0,线路距离为 0,第二点为 5 Ω,10 km,还可以运用现场惯用的线路公里标来整定,例如第一点为 0,63.5 km,第二点为 5 Ω,73.5 km。

当线路故障跳闸后,保护装置显示屏显示如图 10-19 子画面:

馈线号	021
动作时间	08—12—02
23:15:55	
阻抗Ⅰ段	0.100 s

电阻	+002.50
电抗	+000.15
阻抗角	0001.1
故障距离	00.16 km

图 10-19　故障点测试仪故障显示画面

为了更为具体确定故障点的位置,现场还制作有距离(电抗)——支柱号对照表,便于工作人员对照使用。

五、保护装置操作说明

以 WXB-65 型微机馈线保护装置为例,介绍装置的使用操作(图 10-20)。

1. 面板信号

运行灯:绿灯,指示装置工作状态,该灯亮为运行状态,闪烁时,装置为调试状态。

呼唤灯:红灯,检测到异常时呼唤灯亮。

重合允许灯:绿灯,重合闸允许动作,闪烁时表示重合闸正在充电。

保护分闸灯:红灯,保护合闸时亮,按复归键可以复归该信号。

图 10-20　WXB-65 型微机馈线保护
装置外观图

保护合闸灯:红灯,保护分闸时亮,按复归键可以复归该信号。

2. 面板操作键功能

面板操作就是通过液晶显示器的菜单及面板按键进行调试,面板上共有 9 个键,"◢┘"、"Q"、"∧"、"∨"、"<"、">"、"+""−""复归"功能分别是回车、确认、上、下、左、右、加、减、复归键。

3. 保护定值设置

(1)馈线号:如馈线号为 221,整定为 0221。

(2)电流互感器变比:如流互变比为 600 A/5 A,整定为 120。

(3)电压互感器变比:如压互变比为 27.5 kV/0.1 kV,整定为 275。

(4)二次谐波制动系数:其含义为电流中二次谐波电流与基波电流之比,整定时根据实际情况而定,出厂时整定为 0.2。

(5)阻抗Ⅰ、Ⅱ、Ⅲ段定值:任何一段距离保护都可反映保护馈线正方向或反方向短路故障,根据实际需要进行整定。

(6)高阻接地Ⅰ段电流:按接触网电流 240 A 整定,如流互变比为 120,应整定为 240 A/120=2 A。

(7)高阻接地Ⅱ、Ⅲ段启动电流:按接触网电流 80 A 整定,如流互变比为 120,应整定为 80 A/120≈0.7 A。

(8)电流畸变系数:整定为 0.99～0.995;基波相移系数:整定为 0.99～0.995;吸馈电流比

系数：对于 BT 供电或直接供电方式，整定时改变控制字，退出高阻接地Ⅲ段保护，该定值可整定为 0；对于 AT 供电方式，整定为 0.95。

(9)TV 断线检测电压：按 30～80 V 整定。

(10)TV 断线检测电流：该值应按躲过最大负荷电流并低于最小短路电流整定。

(11)手合闭锁延时：一般整定为 180 s，当该值整定为 0 时，手合闭锁功能将不起作用。

(12)线路阻抗特性角：按线路实际参数整定，整定范围为 60°～80°，当该项定值不在此范围，则默认为 75°。

(13)电压和电流之间角差补偿值：可测出装置 TA 和 TV 之间的角差，然后整定该定值，装置内部将以此来对计算阻抗进行调节，以提高距离保护及故障测距精度。

(14)故障测距：采用分段线性化电抗逼近法原理测距。测距整定时，电抗值应以线路一次值输入。

习题与思考题

1. 和一般电力线路相比较，牵引网运行主要有哪些特点？对保护装置有什么特别的要求？

2. 馈线微机保护的功能有哪些？

3. 简要说明自适应四边形阻抗继电器的工作原理。

4. 馈线微机保护装置的操作面板可完成哪些操作？

第十一章 并联电容补偿装置微机保护

第一节 概 述

电气化铁道牵引负荷是单相不对称感性负荷,其功率因数较低,对电力系统的经济运行和电能质量极为不利,也影响牵引供电系统的电压水平和运行效率。为解决以上问题,通常在牵引变电所中装设并联电容补偿装置。

一、并联电容补偿装置的作用和意义

在牵引变电所中采用并联电容无功补偿装置后,其主要作用体现在以下两点:

(1)补偿无功功率,提高系统功率因数;容性负载(电容器)与感性负载(电力机车)消耗无功功率方向相反,减小无功分量。

(2)构成吸收谐波电流的滤波通路;将电容器与电抗器串联,适当选择容抗值与感抗值,从而构成三次谐波谐振回路,有效吸收三次谐波电流。

二、并联电容补偿装置的运行分析

1. 并联电容补偿装置原理接线图

并联电容补偿装置由断路器、电容器和电抗器串联组成,其接线如图 11-1 所示。

2. 并联电容补偿装置故障分析

(1)外部原因引起故障

并联电容器装置可在电压为 $1.1U_N$ 下长期运行。若母线电压过高,会加速电容器的老化,使内部绝缘介质游离增大,将产生局部放电。随着电容器发热温度上升,最后导致击穿,使电容器损坏。

当变电所母线电压短时消失或供电短时中断时,母线上的大量负荷因供电中断而切除,若此时电容器装置尚未切除,在尚未放完电的情况下,恢复送电时,可能产生很大的冲击电流和瞬时过电压,使电容器损坏,甚至引起爆裂。若此时空载变压器和电容器同时投入,变压器中的励磁涌流有高幅值的偶次谐波,有可能导致串接电抗器的电容器组发生串联谐振,产生谐振过电压和过电流,可能损坏电容器或使保护误动。

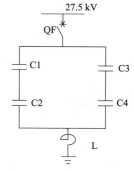

图 11-1 电容补偿
装置原理接线图

(2)并联电容补偿装置内部故障

电容器组内部是由若干个元件串、并联组成。电容器内部故障是指由于制造上的缺陷或绝缘老化,过电压以及雷击等原因,使其中一个或若干个元件被击穿,其他元件相继被击穿,在此过程中,随着故障电流的增加和故障时间的延长,电容器内部温度逐渐升高,引起绝缘油分解并产生大量气体,内部气压增大,甚至可以导致外壳变形、开焊、漏油,严重时引

起爆裂。

3. 并联电容补偿装置的保护应满足的基本要求

(1)当电容器组母线电压高于 1.1U_N 或低于 60%U_N 时,保护装置应将电容器组退出运行;

(2)当电容器组内部发生故障时,保护应可靠动作,撤除电容器组;

(3)电容器投切的暂态过程及外部故障时,保护不能误动;

(4)应设置后备保护。

第二节　电容器微机保护装置

并联电容补偿装置的微机保护可以完成对装置的保护、测控功能,同时具备负荷录波、故障录波、网络通信等自动化功能。装置由保护 CPU 及监控 MMI 系统组成。保护 CPU 系统负责数据采集、处理,保护逻辑判断,开关量检测及信号输出等;监控 MMI 系统负责按键处理、液晶显示、保护报文存储以及和变电站自动化系统的通信等。

一、并联电容补偿装置微机保护接线

电容器微机护装置主要设置了过电流保护,电流速断保护,差电流保护,谐波过电流保护,低电压保护,过电压保护,差电压保护等。图 11-2 所示为 WRZ-65 型电容器微机保护交流回路接线图。

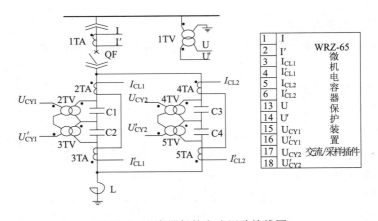

图 11-2　电容器保护交流回路接线图

保护装置通过电流互感器 1TA~5TA 和电压互感器 1TV~5TV,对电容器运行参数进行检测,包括母线电压 U,各组电容器两端电压 U_{CY1}、U'_{CY1}、U_{CY2}、U'_{CY2} 以及并联电容支路电流 I,流入和流出各组电容器的电流 I_{CL1}、I'_{CL1}、I_{CL2}、I'_{CL2}。将这些测量电气量输入到微机保护装置的对应端子上。

二、并联电容补偿装置的微机保护方式

1. 电流速断保护

电流速断保护动作逻辑图如图 11-3 所示。用于反映电容器短路故障的保护。测量电流取并联电容补偿装置的总电流。保护整定原则为：(1)不因电力机车或电动车组产生的高次谐波电流而动作；(2)不因电容器投入时产生的合闸涌流而动作。通常合闸涌流要比高次谐波电流大，即电流速断的动作值 I_{SD} 值按下式进行整定：

$$I_{SD} = K_{rel} \cdot I_{CL} \tag{11-1}$$

式中　K_{rel}——可靠系数，一般取 $1.15 \sim 1.25$；

　　　I_{CL}——并补装置合闸电流的有效值，其值为：$I_{CL} = I_N \sqrt{1 + 0.7 X_C / X_L}$

　其中　I_N——电容器组额定电流；

　　　　X_C——电容器组容抗值；

　　　　X_L——电抗器感抗值。

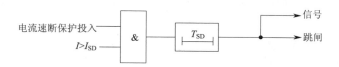

图 11-3　电流速断保护动作逻辑图

I—并联电容补偿支路电流；I_{SD}—电流速断定值；T_{SD}—电流速断保护动作时间，一般取 0。

2. 过电流保护

用于电流速断的后备保护及并补装置内部接地故障的保护，其保护动作逻辑图如图 11-4 所示。保护整定原则为：

(1)整定电流应大于最大正容差电容器长期允许电流，一般为 1.3 倍的并联电容补偿支路的额定电流。

(2)用延时的方法躲过合闸涌流。

过电流保护的动作值整定 I_{GL} 计算如下：

$$I_{GL} = \frac{K_{rel} \cdot K_{OL}}{K_{re}} I_N \tag{11-2}$$

式中　K_{rel}——可靠系数，一般取 1.2；

　　　K_{OL}——过负荷系数，一般取 1.3；

　　　K_{re}——返回系数，取 0.9；

　　　I_N——电容器组额定电流。

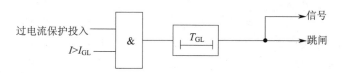

图 11-4　过电流保护动作逻辑图

I_{GL}—过电流定值；T_{GL}—过电流保护动作时间，一般取 $0.5 \sim 1$ s。

3. 差电流保护

差电流保护用于并补装置接地故障的主保护，其保护动作逻辑图如图 11-5 所示。它是利用流入并补装置与流出并补装置的电流进行比较而构成的，差电流保护的动作整定值 I_{cl} 按式 (11-3) 整定。

$$I_{cl} = \Delta f_{max} \times I_y \times K_{tx} \times (K_k / K_i) \tag{11-3}$$

式中　Δf_{max}——电流互感器最大允许误差，取 0.1；

　　　I_y——并补装置投入时电流有效值，$I_y = I_{cn}\sqrt{1+0.7X_c/X_1}$，其中 I_{cn} 为并补装置额定电流；

　　　K_{tx}——考虑所用电流互感器的特性不同的系数，不同型为 1，同型为 0.5；

　　　K_{rel}——可靠系数，取 1.3；

　　　K_i——电流互感器变比。

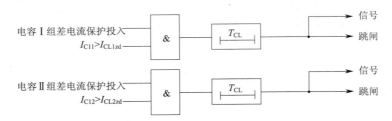

图 11-5　差电流保护动作逻辑图

I_{C11}——并联补偿支路 1 差电流，$I_{C11} = I_{CL1} - I'_{CL1}$；$I_{C12}$——并联补偿支路 2 差电流，$I_{CL2} = I_{CL2} - I'_{CL2}$；
I_{CL1zd}——并联补偿支路 1 差电流保护定值；I_{CL2zd}——并联补偿支路 2 差电流保护定值；
T_{CL}——差电流保护动作时间，一般取为 0.5 s，用于躲过合闸涌流。

4. 谐波过电流保护

谐波过电流保护用于并补装置的高次谐波过电流，其保护动作逻辑图如图 11-6 所示，可按流入并补装置的高次谐波允许值进行整定，延时后切除并补装置，动作条件为：

$$I_3^2 + \left(\frac{5}{3}I_5\right)^2 + \left(\frac{7}{3}I_7\right)^2 + \left(\frac{9}{3}I_9\right)^2 + \left(\frac{11}{3}I_{11}\right)^2 > I_{XB}^2 \tag{11-4}$$

式中　I_3、I_5、I_7、I_9、I_{11}——流入并联补偿分支电流中 3、5、7、9、11 次谐波分量电流；

　　　I_{XB}——谐波过电流保护整定值，I_{XB} 电流整定如下：

$$I_{XB} = I_{YX} / K_{rel} \tag{11-5}$$

其中　I_{YX}——电容器允许谐波电流值；

　　　K_{rel}——可靠系数，一般取 1.2。

在实际应用中可简化为：$I_3^2 + I_5^2 + I_7^2 > I_{XB}^2$ 时，保护延时动作。

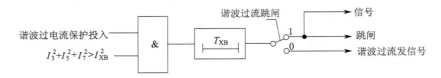

图 11-6　谐波过电流保护动作逻辑图

T_{CL}—差电流保护动作时间；I_{XB}—谐波过电流定值；T_{XB}—谐波保护动作时间，取 2～3 min。

5. 过电压保护

过电压保护逻辑框图如图 11-7 所示，测量电压取自母线电压，母线过电压值受电容器装置的过负荷和电动车组的允许过电压两方面的限制，一般过电压保护的整定电压按式（11-6）整定：

$$U_{GL} = (1.1 \sim 1.3)U_N \tag{11-6}$$

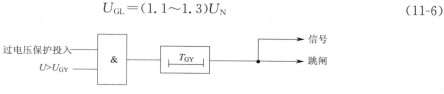

图 11-7　过电压保护动作逻辑图

U—母线电压；U_{GY}—过电压保护定值；T_{GY}—过电压保护动作时间。

6. 低电压保护

为并补装置"最后投入，最先开放"的原则设置，可防止主变压器和电容器同时投入时在电容器上产生过电压。当全所停电，27.5 kV 母线电压失电时，低电压保护动作。

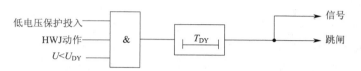

图 11-8　低电压保护动作逻辑图

HWJ—合闸位置继电器；U_{DY}—低电压保护定值，取值为$(0.5 \sim 0.6)U_N$；

T_{DY}—低电压保护动作时间，取$(0.5 \sim 1)$ s。

7. 差电压保护

差电压保护是用于电容器内部故障和局部电容器过电压的保护，它是一种灵敏度高、不受合闸涌流、高次谐波和电压波动影响的保护方式，它是利用测量两段串联电容两端的电压之差的原理构成的。不仅能检出电容器的内部故障，还能用于局部电容器过电压的保护，电容器正常运行时，因两段电容器的容抗基本相等，差电压为零，保护不动作，当电容器内部元件故障时，两段电容器的容抗不相等，从而形成差电压，于是差电压保护动作，差电压保护的整定值U_{cy}，可按单台电容器内部串联元件击穿率$\beta = 60\% \sim 80\%$整定。

$$U_{cy} = U_d / K_1 \tag{11-7}$$

式中　U_d——单台电容器内部串联元件击穿率为β时产生的差压；

K_1——灵敏系数，取 1.5。

为躲过两段串联电容器瞬时出现的电压不平衡，差电压保护的动作时间一般取 $0.5 \sim 1$ s，如图 11-9 所示。

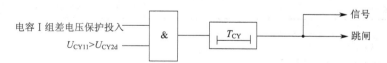

图 11-9　差电压保护动作逻辑图

U_{CY11}—两组电压容器两端电压之差，$U_{CY11} = U_{CY1} - U'_{CY1}$；

U_{CY1}—差电压保护定值；T_{CY}—差电压保护动作时间。

三、电容器微机保护定值与参数

1. 保护定值清单如表 11-1 所示。

表 11-1 保护定值清单

序号	名称	内容	整定范围	序号	名称	内容	整定范围
0	电容号	NO.	××××	17	速断时间	T_{SD}	0~5 s
1	过电流流互变比	K_{GL}	0~999	18	差电流时间	T_{CL}	0~5 s
2	电容1组差电流流互变比	K_{CL1}	0~999	19	谐波过流时间	T_{XB}	0~600 s
3	电容2组差电流流互变比	K_{CL2}	0~999	20	过电压时间	T_{GY}	0~5 s
4	过电压压互变比	K_{GY}	0~999	21	低电压时间	T_{DY}	0~5 s
5	电容1组差电压压互变比	K_{CY1}	0~999	22	差电压时间	T_{CY}	0~5 s
6	电容2组差电压压互变比	K_{CY2}	0~999	23	过电流保护	投入	投入或退出
7	过电流定值	I_{GL}	(0~4)I_n	24	速断电流保护	投入	投入或退出
8	速断电流定值	I_{SD}	(4~8)I_n	25	电容1组差电流保护	投入	投入或退出
9	电容1组差电流定值	I_{CL1}	(0~4)I_n	26	电容2组差电流保护	投入	投入或退出
10	电容2组差电流定值	I_{CL2}	(0~4)I_n	27	谐波过电流保护	投入	投入或退出
11	谐波过流电流	I_{XB}	(0~4)I_n	28	过电压保护	投入	投入或退出
12	过电压电压	U_{GY}	0~200 V	29	低电压保护	投入	投入或退出
13	低电压电压	U_{DY}	0~100 V	30	电容1组差电压保护	投入	投入或退出
14	电容1组差电压电压	U_{CY1}	0~30 V	31	电容2组差电压保护	投入	投入或退出
15	电容2组差电压电压	U_{CY2}	0~30 V	32	谐波过电流	跳闸	跳闸或发信号
16	过电流时间	T_{GL}	0~5 s				

2. 装置参数清单如表 11-2 所示。

表 11-2 装置参数清单

序号	名称	内容	整定范围	序号	名称	内容	整定范围
0	口令		××××	5	U_{CY1}通道补偿系数	1.000	0.800~1.200
1	通信地址	15	0~32	6	U_{CY2}通道补偿系数	1.000	0.800~1.200
2	通信速率	2	0~7	7	I通道补偿系数	1.000	0.800~1.200
3	额定电流	5 A	5 A或1 A	8	I_{CL1}通道补偿系数	1.000	0.800~1.200
4	U通道补偿系数	1.000	0.800~1.200	9	I_{CL2}通道补偿系数	1.000	0.800~1.200

3. 装置参数设置

(1)口令:为用户口令,可修改。

(2)通信地址:整定范围 0~32,结合网络实际情况整定。

(3)通信速率:一般整定为 2,0~7 各数据实际对应速率:

0:250 kV/s

1:125 kV/s

2:62.5 kV/s

3:31.25 kV/s

(4)额定电压与额定电流:按实际情况整定。

（5）通道补偿系数：用于微调各交流通道，整定范围为 0.8～1.2，默认值为 1，该值在出厂前已整定好，用户不需修改。

（6）装置开入

装置提供了 16 路开关量输入，8 路为外部开入，8 路为内部开入，用一个字来表示，各位定义，例如，

位 0：远方/就地压板。1 为远方位置，允许远方修改定值、允许远方及装置监控切换定值运行区号，各种保护投退状态仅由运行定值决定；0 为就地位置，不允许远方修改定值、不允许远方及装置监控切换定值运行区号。

位 1：阻抗保护压板。1 为投入位置，开放三段阻抗及其后加速保护；0 为退出位置，闭锁三段阻抗及其后加速保护。

位 2：高阻保护压板。1 为投入位置，开放 Ⅲ 段高阻保护；0 为退出位置，闭锁 Ⅲ 段高阻保护。

习题与思考题

1. 并联电容补偿装置的作用是什么？
2. 试述并联电容补偿装置差电压保护的工作原理。
3. 电流速断保护是如何整定的？

附　　录

附表一　符号说明

一、电气设备元件符号表

文字符号	中文名称	英文名称	旧符号
APR	备用电源自投装置	Automatic Power Reserves	BZT
ARD	自动重合闸装置	auto reclosing device	ZCH
C	电容、电容器	electric capacity ,capacity	C
FU	熔断器	fuse	RD
G	发电机,电源	generator	F
HL	信号灯	indictor lamp,pilot lamp	XD
K	继电器	relay	J
KA	电流继电器	current relay	LJ
KAN	负序电流继电器	negative-fhast sequence current relay	FLJ
KBL	断线闭锁继电器	breakage locking relay	DBJ
KD	差动继电器	differential relay	CDJ
KG	瓦斯继电器	gas relay	WSJ
KH	温度继电器	temperature relay	WDJ
KM	中间继电器	medium relay	ZJ
KMA	加速继电器	accelerating relay	JSJ
KMC	合闸操作继电器	closing operation relay	HZJ
KMD	检查继电器	detecting relay	JJ
KME	保护出口继电器	protective exit relay	BCJ
KMF	分闸位置继电器	off-position relay	FW,TWJ
KMG	瓦斯中间继电器	gas medium relay	WXJ
KML	闭锁继电器	locking relay	BSJ
KMN	合闸位置继电器	on-position relay	HWJ
KMO	分闸操作继电器	opening operation relay	FZJ FJ
KO	合闸接触器	closing operation contactor	HC
KP	极化继电器	polarized relay	JHJ
KPD	功率方向继电器	power directional relay	GJ

文字符号	中文名称	英文名称	旧符号
KS	信号继电器	signal relay	XJ
KSD	同步检查继电器	synchronism detecting relay	TJJ
KT	时间继电器	timing relay	SJ
KV	电压继电器	voltage relay	YJ
KVN	负序电压继电器	negative-fhast sequence voltage relay	FYJ
KZ	阻抗继电器	impedance relay	ZKJ
L	电感、电感线圈	inductance，inductive coil	L
M	电动机	motor	D
N	集成电路	integrated amplifier	AO
N	中性线	neutral wire	N
PA	电流表	ammeter	A
PFD	故障定位装置	failure point detecting divice	DTG
Q	电力开关	power switch	K
QF	断路器	circuit-breaker	DL
QS	隔离开关	disconnector	GK
RP	电位器	potential meter	WR
SA	控制开关	lontrol switch	WK
SA	选择开关	selection switch	ZK
SB	按钮	push button	AN
SE	实验开关	experimentation push button	SA
T	变压器	transformer	B
TA	电流互感器	current transformer	LH
TV	电压互感器	potential transformer	YH
U	桥式整流器	bridge rectifier	BZ
UA	电流变换器	current convertor	LB
UV	电压变换器	voltage convertor	YB
UX	电抗变换器	reactance transformer	DKB
VD	二极管	diode	D
VF	场效应管	field effect transistor	FET
VS	稳压二极管	voltage regultor diode	WY
VT	三极管	transistor	BG
W	母线	busbar	M
W	绕组、线圈	winding	W
WC	控制小母线	control circuit soure smail busbar	KM
WL	线路	line	XL
X	电抗器	reactance	X
XB	连接片	link	LP
YO	合闸线圈	closing operation coil	HQ
YR	跳闸线圈	opening operation coil	TQ

二、电流类符号

文字符号	中文名称	英文下角释义	旧符号	文字符号	中文名称	英文下角释义	旧符号
I_{aw}	精确工作电流	accurate working	I_{jg}	I_L	负荷电流	load circuit	I_{fh}
I_{br}	制动电流	braking circuit	I_{zd}	I_N	额定电流	nominal circuit	I_e
I_{dsq}	不平衡电流	disequilibrium circuit	I_{bph}	$I_{op \cdot k}$	继电器动作电流	relay operating circuit	I_{dz}
I_e	励磁电流	exciting circuit	I_{lc}	$I_{re \cdot k}$	继电器返回电流	relay returning circuit	I_f
I_K	继电器电流	relay circuit	I_j	I_{ss}	自启动电流	self starting circuit	I_{zq}
I_k	短路电流	short circuit	I_D	I_w	工作电流	working	I_g

三、电压类符号

文字符号	中文名称	英文下角释义	旧符号	文字符号	中文名称	英文下角释义	旧符号
U_{br}	制动电压	braking	U_{zd}	$U_{op \cdot k}$	继电器动作电压	relay operating	I_{dz}
U_k	继电器电压	relay	U_j	$U_{re \cdot k}$	继电器返回电压	relay convertor	$U_{re \cdot k}$
U_N	额定电压	nominal	U_e				

四、电阻、电抗、阻抗类符号

文字符号	中文名称	英文下角释义	旧符号	文字符号	中文名称	英文下角释义	旧符号
R_{tr}	过渡电阻	transition resistance	R_g	Z_L	负荷阻抗	load	Z_{fh}
X_{set}	整定电抗	set	X_{zd}	Z_{op}	动作阻抗	operating	Z_{dz}
Z_K	继电器测量阻抗	relay measuring	Z_j	$Z_{set \cdot k}$	继电器整定阻抗	set	Z_{zd}
Z_k	短路阻抗	short circuit	Z_d				

五、系数类符号

文字符号	中文名称	英文下角释义	旧符号	文字符号	中文名称	英文下角释义	旧符号
K_{br}	比率制动系数	braking	K_{zd}	K_{rel}	可靠系数	reliability	K_k
K_i	电流互感器变比	current transformer	n_{LH}	K_s	灵敏系数	sensitivity	K_m
K_u	电压互感器变比	voltage transformor	n_{YH}	K_{ss}	自启动系数	self stating	K_{zq}
K_{oL}	过负荷系数	overload	K_L	K_{st}	同型系数	same type	K_{tx}
K_{re}	返回系数	returning	K_f	K_w	接线系数	writing	K_{jx}

六、其他常用符号

文字符号	中文名称	英文下角释义	旧符号	文字符号	中文名称	英文下角释义	旧符号
W	绕组	winding	W	φ_k	继电器测量阻抗角	relay	φ_j
W_{dif}	差动绕组	aifferential	W_{cd}	φ_k	阻抗角	short circuit	φ_d
W_{eq}	平衡绕组	equilibrium	W_{ph}	φ_L	负荷抗角	load	φ_{fh}
W_k	短路绕组	short-circuit	W_d				

附表二　继电保护常用专业词汇

序号	中文名称	英文解释
1	方向保护	Directional protection
2	距离保护	Distance protection
3	过流保护	Over current protection
4	高频保护	Pilot protection
5	低电压保护	Under voltage protection
6	差动保护	Differential protection
7	零序保护	Zero-sequence protection
8	纵联差动保护	Longitudinal differential protection
9	过励磁保护	Over fluxing protection
10	母线保护	Bus bar protection/bus protection
11	主保护	Primary protection
12	后备保护	Back-up protection
13	零序保护	Zero-sequence protection
14	方向过流保护	Directional over-current protection
15	过热保护	Thermal protection
16	轻瓦斯与重瓦斯保护	Slight gas protection，severe gas protection
17	瓦斯保护	Buchholtz protection
18	轻瓦斯与重瓦斯保护	Slight gas protection，severe gas protection
19	距离纵联保护	Pilot protection using distance relay
20	母线保护	Bus bar protection
21	自适应继电保护	Adaptive relay protection
22	纵联保护	Pilot protection
23	比率差动继电器	Percentage differential relay
24	限流继电器	Current-limiting relay
25	定时限继电器	Definite time relay
26	闭锁继电器,保持继电器	Lockout relay
27	电磁型继电器	Electromagnetic relay
28	方向距离继电器	Directional distance relay
29	恒温继电器	Thermostat relay
30	偏移特性阻抗继电器	Offset impedance relay
31	过压继电器	Over-Voltage relay
32	欠压继电器	Under-Voltage relay
33	功率方向继电器	Power direction relay
34	冲击继电器	Pulse relay/surge relay

序号	中文名称	英文解释
35	中间继电器	Auxiliary relay/intermediate relay
36	功率继电器	Power relay
37	过热继电器	Temperature limiting relay
38	过载继电器	Overload relay
39	合闸继电器	Closing relay
40	晶体管继电器	Transistor relay
41	灵敏极化继电器	Sensitive polarized relay
42	灵敏继电器	Sensitive relay
43	晶体管型继电器	Transistor type relay
44	具有比率制动的差动继电器	Differential protection with percentage restraining
45	零序电流继电器	Residual current relay
46	死区	Dead zone/Blind spot
47	振荡	Vibration/Oscillation
48	可靠性	Reliability
49	灵敏性	Sensitivity
50	速动性	Speed
51	选择性	Selectivity
52	延时	Time delay
53	闭锁	Escapement/interlock/blocking
54	误动	Incorrect tripping
55	差动	Differential motion
56	延时	Time delay
57	反时限	Normal inverse
58	定时限	Definite time
59	重合闸	Recloser
60	高阻	High resistance
61	最大灵敏角	Angle of maximum sensitivity
62	90°接线	Connection with 90 degree
63	金属性故障	Metallic fault
64	相间故障	Phase to phase fault
65	接地故障	Earth fault
66	永久性故障	Permanent fault
67	瞬时性故障	Temporary fault
68	时间继电器	Timer relay
69	两相短路故障	Two-phase short circuit fault
70	匝间短路	Turn to turn fault, inter turn faults
71	两相接地短路故障	Two-phase grounding fault

序号	中文名称	英文解释
72	内部故障	Internal fault
73	故障类型	Fault type
74	二次谐波制动	Second harmonic escapement
75	电流互感器断线	CT line-break
76	电压互感器断线	PT line-break
77	断路器跳闸线圈	Breaker trip coil
78	线圈电流	Coil current
79	振荡线圈	Oscillator coil
80	保护屏	Protection screen
81	保护开关	Protection switch
82	零序电流	Zero-sequence current/residual current
83	断路器触点	Breaker contact point
84	断路器按钮	Cut-off push
85	瓦斯保护装置	Gaseous shield
86	中性点接地	Neutral-point earthing
87	熔断器	Fuse box/fusible cutout
88	合闸线圈	Closing coil
89	跳闸	Trip/opening
90	跳闸开关	Trip switch
91	冲击防护	Surge guard
92	振荡冲击	Oscillatory surge
93	五防装置	Fail safe interlock
94	不平衡电流	Unbalance current
95	闭锁重合闸	Blocking autorecloser
96	遥测	YC (telemetering)
97	故障切除时间	Fault clearing time
98	保护特性	Protection feature
99	故障选线元件	Fault phase selector
100	比率制动	Ratio restrain
101	短路计算	Short circuit calculations
102	信号继电器	Annunciator relay
103	故障诊断	Fault diagnosis
104	保护跳闸	Trip by local protection
105	操作	Manipulation
106	测量元件	Measuring/Metering unit
107	出口(执行)元件	Output (executive) organ
108	低电压起动的过电流保护	Overcurrent relay with undervoltage supervision

序号	中文名称	英文解释
109	谐波制动	Harmonic restraining
110	故障录波器	Fault recorder
111	故障选相	Fault phase selection
112	光电耦合器件	Optoelectronic coupler
113	解除闭锁信号	Unblocking signal
114	绝缘监视	Insulation supervision device
115	励磁涌流	Magnetizing inrush current
116	两相星形接线方式	Two star connection scheme
117	三相一次重合闸	Three phase one shot reclosure
118	振荡(失步)闭锁	Power swing (out of step) blocking
119	零序电流互感器	Zero sequence current transducer
120	消弧线圈	Blow-out coil
121	自适应特性	Adaptive features
122	低电压跳闸	Under-voltage release
123	低电压自动跳闸	Under-voltage trip

附表三　《电力设计技术规范》对灵敏系数的规定

保护类型		组成元件		灵敏系数
主保护	1.带方向和不带方向的电流保护或者电压保护	电流元件和电压元件		1.5；个别情况下1.25
		零序或负序方向元件		2.0
	2.距离保护	任何类型的启动元件		1.5
		第Ⅱ段距离元件		1.25
		线路末端电流与精确工作电流之比		1.5
	3.双回线的横联差动方向保护和电流平衡保护（当两回线路参数相同时）	电流和电压启动元件	故障未从任一侧断开前，其中一侧按线路中点短路计算时	2.0
			故障子一侧断开后，另一侧按对侧短路计算时	1.5
		零序方向元件	故障未从任一侧断开前，其中一侧接线中点短路时	4.0
			故障自一侧断开后，另一侧按对侧短路计算时	2.5
	4.高频闭锁方向保护	跳闸回路中的方向元件		3.0
		跳闸回路中的电流和电压元件		2.0
		跳闸回路中的阻抗元件		1.25
	5.相差高频保护	跳闸回路中的电压和电流元件		2.0
		跳闸回路中的阻抗元件		1.5
	6.非直接接地电网中的单相接地保护（动作于信号或跳闸）	架空线路的电流元件		1.5
		电缆线路的电流元件		1.25
		零序方向元件		2.0
	7.差动保护	发电机、变压器、线路与电动机的纵联差动保护		2.0
		母线的完全差动保护		2.0
		母线的不完全电流差动保护（速断部分）		1.5
	8.发电机、变压器及电动机上的电流速断保护（在保护装置安装处短路）			2.0
后备保护	1.远后备保护（在相邻元件末端短路）	电流元件、电压元件和阻抗元件		1.2
		零序或负序方向元件		1.5
	2.近后备保护（在被保护末端短路）	电流元件、电压元件或阻抗元件		1.25
		零序或负序方向元件		2.0
辅助保护	电流速断的最小保护范围：15%~20%			

注：1.对各类保护，接于全电流和全电压的方向元件，其灵敏系数不作规定；

　　2.线路一侧断开后，其他各侧保护可按相继动作校验其灵敏系数。

参 考 文 献

[1] 王永康. 继电保护及自动装置[M]. 北京:中国铁道出版社,1998.

[2] 贺威俊,张淑琴. 晶体管与计算机继电保护原理[M]. 成都:西南交通大学出版社,1990.

[3] 谭秀炳. 铁道电力与牵引供电系统继电保护[M]. 成都:西南交通大学出版社,2007.

[4] 谭秀炳,刘向阳. 交流电气化铁道供电系统[M]. 成都:西南交通大学出版社,2009.

[5] 郭光荣,李斌. 电力系统继电保护[M]. 北京:高等教育出版社,2006.

[6] 贺家李,宋从矩. 电力系统继电保护原理[M]. 北京:中国电力出版社,1998.

[7] 张举. 微机型继电保护装置及运行[M]. 天津:天津科学技术出版社,1996.

[8] 杨奇逊. 微机型继电保护基础[M]. 北京:水利电力出版社,1994.

[9] 罗士萍. 微机保护实现原理及装置[M]. 北京:中国电力出版社,2001.

[10] 许建安. 电力系统微机继电保护[M]. 北京:中国电力出版社,2003.

[11] 路文梅. 变电综合自动化技术[M]. 北京:中国电力出版社,2007.

[12] 都洪基. 电力系统继电保护原理[M]. 南京:东南大学出版社,2007.